探识地球

吴海成
郭志慧 著

图书在版编目（CIP）数据

探识地球／吴海成，郭志慧著．-- 北京：华文出版社，2013.6

（地球大视野丛书）

ISBN 978-7-5075-4006-2

Ⅰ．①探… Ⅱ．①吴… ②郭… Ⅲ．①地球科学－青年读物②地球科学－少年读物 Ⅳ．① P-49

中国版本图书馆 CIP 数据核字 (2013) 第 117865 号

探识地球

著　　者：吴海成　郭志慧
责任编辑：黄　鲁
美术编辑：孙　钊
出版发行：华文出版社
社　　址：北京市西城区广外大街 305 号 8 区 2 号楼
邮政编码：100055
网　　址：http://www.hwcbs.com.cn
投稿邮箱：hwcbs@126.com
电　　话：总编室 010-58336210　责任编辑 010-58336268
　　　　　发行部 010-58336270　010-58336265
经　　销：新华书店
印　　刷：北京米开朗优威印刷有限责任公司
开　　本：710mm × 1000mm 1/16
印　　张：10.25
字　　数：80 千
版　　次：2013 年 6 月第 1 版
印　　次：2016 年 1 月第 5 次印刷
标准书号：ISBN 978-7-5075-4006-2
定　　价：30.00 元

《地球大视野丛书》编辑委员会

序

地球——茫茫宇宙中唯一孕育高级生命的星体，星移斗转，沧海桑田，风云变幻，气象万千。人类生存在地球上，演化、繁衍、摄取、发展，由受控于自然逐步走向顺应自然和改造自然，对地球的认识、探索、研究、利用，逐渐发展成一门研究地球的形成、特征、发展、演变规律的科学——地球科学。

随着人类知识的积累和科技水平的不断提高，地球科学获得长足进展。从18世纪开始，对自然资源的科学利用带来了人类社会发展的飞跃。如煤的大量发现和开采，使蒸汽机的广泛利用成为可能，从而推动了当时的工业革命。再如大规模油田的发现和开发，铀、钍等矿产资源的发现和利用，又为内燃机和原子能技术的发展提供了物质基础。地球科学的每一次重大发展，都可能引起生产技术的革命，大大加速社会发展的进程，给社会生产和人民生活带来巨大变化。进入21世纪，地球科学从资源时代发展到环境时代。迎接人口、资源、环境、灾害的挑战，保证人类持续发展，成为地球科学的主要任务。

科学进步促进社会发展，社会发展为科学进步提供保障。地球科学伴随着人类进步，逐步发展成为包括地质、地理、气象、环境及其有关的边缘学科的庞大科学体系，几乎辐射到自然科学的其他各个领域，集中了人类最高智慧的新技术手段，是自然科学的重要组成部分，是马克思列宁主义世界观、方法论的

重要学科基础。地球科学在人类实践和应用中，具有十分重要的基础作用。普及地球科学知识，对于全面树立落实科学发展观，尊重和遵循自然规律，促进人与自然和谐发展，具有重要的现实意义。普及地球科学知识，对于反对迷信邪说和伪科学，弘扬科学精神，在全社会形成崇尚科学、鼓励创新的良好氛围，具有重要的推动作用。

中国老科学技术工作者协会国土资源分会，聚集了300多名离退休的老科技工作者。十几年来，他们以贯彻“科教兴国”的战略方针为宗旨，坚持老有所为、服务社会，不顾双鬓作雪，始终寸心如丹，做了大量有益的工作。近年来又组织部分老科技工作者，策划、编撰了一套集科学性、知识性、实用性、趣味性于一体的地球科学丛书，奉献给社会。这套丛书着重针对当前人们在认识地球科学方面存在的一些误区，抓住与经济、社会发展和人民生活密切相关的一些热点问题，通过自问自答，讲述引人入胜的典型事例、故事，采用或比拟、或讨论思辨等写作手法，在向人们普及地球科学知识的同时，还告诉人们怎样用科学的思想、科学的方法，去观察问题、处理问题，是科普丛书中的一枝奇葩。

我相信，丛书的出版发行一定会对建设学习型社会、普及科学知识，做出应有的贡献。借此，感谢国土资源分会老科技工作者的春蚕精神！感谢中国老科学技术工作者协会的鼓励和支持！

孙文盛

再版序

地球是人类的摇篮。自人类诞生之日起，就开始了认识地球的历程。上古时代，我们的先民对地球的认识是神秘的，对大地的态度是尊崇的。希腊神话中的大地之神盖亚创造了众神，而中国神话中的大地之母女娲则创造了人类。在人类文明的“轴心时代”，哲人们对地球的认识是朴素的、理性的。古希腊哲学家毕达哥拉斯在公元前五六世纪就断定地球是圆形的。中国的先哲们则认识到大地虽不具人格，但具有我们人类应当学习的品德。可见，早期人类对大地充满了敬畏感。

近现代科学技术的发展改变了人类对大地的认识和我们对待地球的态度。人类不仅几乎在陆地的任何角落都留下了足迹，而且下潜深海、上游太空。我们发展了地理学、地质学、海洋学、大气物理学、古生物学等地学学科；我们对地球的认识从未如此的系统且细致。基于这些地学知识，我们开发利用地球，而大地也慷慨地给予我们丰厚的回报，让我们人类的物质生活前所未有的丰富。

但大地的慷慨也助长了人类的贪婪和狂妄。我们曾不知节制地开采矿藏，也曾肆无忌惮地破坏环境。现在我们认识到，地球的承载能力是有限的，地球的生态系统是脆弱的。在可以预见的未来，地球仍将是我们唯一可以居住的星球，大地仍然是我们唯一可以依赖的母亲。

对于中国这样一个正在复兴并加速发展的大国来说，地学知识从未如此重要。当前，不断崛起的中国正在逐渐向远海和太空挺进，我国的专业人员所掌握的相关知识越来越多。然而，要实现中华民族的“中国梦”，仅仅靠专业人员拥有丰富的地学知识是不够的。树立全民的全球意识、在全体国民中普及立体的地学知识十分必要。《地球大视野丛书》涉及了从陆地、海洋到天空的方方面面，对于拓展大众视野很有帮助。

该套丛书2007年初版，由数名中国老一辈地质工作者撰写，受到了读者的广泛欢迎，是一套很有意义的科普书籍。作为国土资源部主管的公募基金会，中国古生物化石保护基金会肩负着“协助政府，动员社会力量，促进古生物化石及地质环境保护公益事业，提升全民科学素质”的使命。为不断普及古生物与地学科学知识，我会继原推广“我赠你读”古生物科普书籍后，又与中国老科学技术工作者协会国土资源分会合作，再次出版《地球大视野丛书》。今后，我们将与地学界、古生物学界继续合作推广系列科普丛书，将古生物学与地学科普作为长期的任务。我们相信修订再版的《地球大视野丛书》将对我国建设知识型、创新型社会做出新的贡献。

编委会

2013年4月

目录

前言

“保护我们的母亲——地球”这句响亮的语言、闪光的文字，通过电视台、电台和报刊传遍了神州大地，也传播到五湖四海，成为每年世界地球日感动中国、感动世界的一个亮点。

为纪念世界地球日，2004 年 4 月 21 日国土资源部、国家环保总局、共青团中央联合在北京人民大会堂召开了一次别开生面的大会，来自北京 100 所中小学的 100 个“李四光中队”，700 多名少先队员代表在这里举行了“节约保护国土资源，李四光中队在行动”主题队会，会上宣读了国家总理给“李四光中队”的回信。

回信高度赞扬了首都“李四光中队”全体少先队员向全国少先队员发出的倡议，希望同学们从小养成关心地球、认识地球、保护地球的意识。

4 月 22 日地球日的这一天，传媒皆报道国土资源部与各学会联合举办的大型纪念活动，呼吁人们用自己的行动来爱护我们的母亲——地球。我们如何像熟悉和热爱自己的母亲一样，能真真切切、实实在在地探识和关爱人类最可爱的地球母亲呢？这本书就是要给读者一些思路和答案，并由浅入深地把用现代物理、化学、遥感等先进的科学技术所了解和掌握的有关地球的知识介绍给读者。

善待地球、关爱地球，已是国际间热点话题，也将是未来人类的一个永恒话题。“世界地球日”已连续六年直接以“善待地球”为核心主题，并以保护资源、科学发展，珍惜资源、持续发展，构建和谐、保护环境、保护家园等为宣传重点。笔者作为一名地质队员、作为一名地球之子，深受鼓舞、深受激励，所以撰写本书也是想表达对地球母亲之敬意。谨将此书敬献给我的母亲、你的母亲、他的母亲，敬献给天下每一位善良慈祥的母亲，敬献给我们可爱而美丽的地球母亲！让我们每一位地球人——地球儿女，时时刻刻都不忘记，关爱地球、善待地球，这是地球孝子孝女们义不容辞的使命和责任。

在编写本书过程中，特别要感谢中国地质学会和中国地球物理学会。

引子

读《地球，我的母亲》之联想

谁都有母亲，谁都爱自己的母亲。留在我们心中的母亲形象是永恒的，温柔善良，和蔼慈祥，辛勤无怨，宽厚无量……

谁都明白，地球是我们全人类的母亲，她美丽又可爱，神奇而精彩，博大且富饶，无私大胸怀，赋予我们无限的财富和恩爱！

人们不会忘记：早在1919年，世界知名的科学家、文学家郭沫若先生就写出了《地球，我的母亲》长诗，以浪漫和激情抒发出对地球母亲深切的崇拜，真挚的爱戴，以及感恩、相报的情怀。请在此撷取几段重读一番吧：

……

地球，我的母亲！
我过去，现在，未来，
食的是你，衣的是你，住的是你，
我要怎样才能够报答你的深恩？

……

地球，我的母亲！
我羡慕的是你的孝子，那田地里的农人，

他们是全人类的保姆，
你是时常地爱顾他们。
……
地球，我的母亲！
我羡慕的是你的孝子，那矿坑里的工人，
他们是全人类的 Prometheus[①]，
你是时常地怀抱着他们。
……
地球，我的母亲！
我羡慕那一切的草木，一切的动物，
他们自由地、自主地、随分地、健康地
享受着他们的赋生。
……
地球，我的母亲！
我想宇宙中的一切现象，都是你的化身：
雷霆是你呼唤的声威，
雪雨是你血液的飞腾。
……
地球，我的母亲！
我听着一切的声音言笑，
我知道那是你的歌，
特为安慰我的灵魂。
……
地球，我的母亲！
我感觉着一切的芬芳彩色，
我知道那是你给我的赠品，
特为安慰我的灵魂。

① Prometheus，普罗米修斯，希腊神话中给世界带来火种的神。

……

地球，我的母亲！
从今后我要报答你的深恩，
我知道你爱我，还要劳我，
我要学着你劳动，永久不停！
……
地球，我的母亲！
从今后我要报答你的深恩，
我要用自己的血液，
养我自己，养我兄弟姐妹们。
……

郭沫若 1919 年 12 月作

在浩瀚的宇宙中，最美丽可爱的星球就是地球了。有人说她是银河系里一颗璀璨的“蓝宝石”，有人说她是太阳系中的“生命之舟”、“人类摇篮”，她养育了 100 多万种动物，30 多万种植物，10 多万种微生物，特别是她养育着约 60 亿智慧的生物——“万物之灵”的人类！

地球母亲真的是太可爱、太美丽了；太多彩、太含蓄了；太博大、太神奇了；太富饶、太玄异了，因而也太需要保护、太需要爱惜了！

地球母亲，也是最值得我们赞誉，最值得我们歌颂，最值得我们倾诉，最值得我们书写了。

在本书中，我们将尝试用上目前最先进的“地质遥感、地球物理、地球化学技术”来探索地球，为她照相、体检、化验、保健，同时也探寻地球的宝贵馈赠——她为我们所提供的财富和资源。

地质遥感、地球物理、地球化学这三项技术的应用，不

复杂、不难懂、不神秘，其功能作用就是使人类的感官得到极大的延伸：如同望远镜与显微镜使视力得以延伸；如同麦克风与听诊器使听力得以延伸；如同化学试纸与试剂使嗅觉或辨析能力得以延伸等。只不过这三项应用技术使人探测到更远的、更小的、更难察觉的隐伏物质、隐伏变化与隐伏现象。

值得一提的是：人类在享受地球恩赐给我们赖以生存发展的物质财富的时候，有些忘乎所以，有些为所欲为，造成大片环境污染、大块土地被毁、大批物种灭绝、大量资源浪费。

有人说：地球母亲受伤了、忧虑了、呻吟了、哭泣了。人类可是地球母亲的有知识、有理性、有情愫的骄子，所以人类醒悟与忏悔之后，就要改邪归正。现在有识之士已经倡导人们运用理智、运用科技把碧绿还给大地，把蔚蓝还给海洋，把透明还给青天，把秀美还给山川！

因此，本书中将目前善待地球和保护地球工作中的环境监测与灾害预报等，应用地质遥感、地球物理、地球化学等技术的实际事例，简略生动地展现给读者。

我们将避免生僻的专业术语，避免枯燥的学术议论，避免无味的知识陈述，而采用分段散文式，或故事讲解式，或感怀抒发式，将先进的高新技术应用成果介绍给读者，力求既有科学性和知识性，又有通俗性和可读性。编写过程中，为了科学普及，我们自然引用和参考诸多文献资料，请给予谅解，在此谨向照片图像提供者、向著书立论者，深表感激，并代表阅读本书并有所收获与感悟的读者，向他们致以真挚的谢忱。

第一章

给地球照相

当你攀上高山之巅，当你走向蓝色海边，当你来到绿色原野，当你踏入秀丽的公园，你都会举起照相机或摄像机将美好的图景拍摄下来。是的，自 19 世纪前期照相机和摄像机问世后，人们就开始给地球拍摄相片了。

有趣的是，竟有人敢想敢干，把相机系在鸽子胸前，或风筝上，或气球上，在空中给地球拍照，这是 19 世纪中期的事，据记载，1839 年法国人达格雷发表了世界上第一张空中相片，1895 年美国气象学家 W·A·埃迪把相机系在风筝上拍摄相片。

1903 年莱特兄弟发明飞机，1909 年意大利人威尔泊·赖特首次在飞机上拍摄了连续相片，即电影片。接下来发展速度更快了，1937 年开始拍摄彩色航空相片，后来又有了红外、紫外等航空摄影以及微波激光成像。

1957 年苏联，1958 年美国，先后成功发射人造卫星，于是，给地球拍摄进入了航天时代。在地球大气层以外的太空中，如卫星上、空间站上、航天飞机上给地球照相，那就更加广阔、更加宏观、更加美丽了。

至此，我们已经说到在地面、在高空、在太空三个高度给

地球照相。如果讲颜色，有黑白、彩色、全息之分；如果谈设备，则从光学机械式发展到电子模拟式，到现在电脑数码式。照相原来属于遥感中的一种，单指记录可见光波段的信息成像，俗称照片；而非可见光则包括紫外线波段、红外线波段、微波波段、无线电波波段等。这些电磁波信息皆能在“遥远的地方”被感知并记录下来，而且可以用数据、表格、曲线、或图像（照片）显示出来，这也是“遥感”大名的来源。当然，按电磁波的分类，遥感的小名就五花八门了。如光学（可见光）遥感、多波段遥感、红外遥感、微波遥感、激光遥感、紫外遥感、雷达遥感、射线遥感等。

物理学告诉我们：温度高于绝对零度（－273℃）的一切物体，都可辐射不同频率的电磁波。所以，地球上的一切地物，如山川、岩土、水体、林木、农田、植物、村庄、道路等，都呈现出各具特点的不同色相和色调。卫星上的传感器能够准确地记录这些以及其形状、纹理、阴影等，然后传送至地面卫星接收站，经过电脑加工处理，便得到遥感图像。

遥感技术不仅用于给地球拍摄，让人们认识、欣赏和研究，而且更多地用于测绘、地质、环境、军事、气象、水利、林业、农业、海洋、灾害、城市、土地、资源、管理等众多领域。

彩色的桂冠

假如你乘上航天飞机，或者到高纬度地区，你就可能拍摄到地球的彩色桂冠——壮观而艳丽的极光图像，色彩斑斓、姹紫嫣红、造型奇异、变幻无穷，真是美不胜收！这是太阳风与地球磁场共同完成的杰作。太阳散射出的大量带电粒子，由于地磁场的作用，集中在磁极附近的上空，激发大气中的

高空幕状极光
一朵彩云，一湾彩虹，就会让人赞美！而“天女散花”般的大片极光，更会让人陶醉

分子及离子，从而发出闪耀的光辉。这顶桂冠，高度数百千米，直径上千千米，硕大又多姿、绚丽而耀眼。

为什么有那么多的色彩呢？这是因为不同物质元素的火焰有自己固有的光谱（日光中有红、橙、黄、绿、青、蓝、紫 7 种颜色，相对应的电磁辐射波段即为光谱）。比如你炒菜时，若有食盐撒在火上，就可看见一股明亮的黄色火焰蹿动出来，这就反映出钠的光谱是黄色。钙的光谱是红色，钾的光谱是紫色，钡的光谱是绿色。节日里燃放的烟火，就是有多种金属元素加入到火药里。还有大家常见的霓虹灯中充填的气体，红色是因为有氖气体，蓝色是因为有氩气体。

遥感技术，目前在可见光的光谱谱段获取信息，最常用的就是人们熟知的照相机和摄影机。为了拍摄不同景物，分别使用不同焦距的照相机（有普通焦距相机、短焦距相机、长焦距相机）以及不同视场角

高空飘带状极光
是从哪儿发射的束束彩链？是谁舞动的条条绸带？如此美丽、如此绚烂、如此壮观、如此神奇

的相机镜头（有常角镜头、窄角镜头、广角镜头）。正如我们平时在照相时总喜欢用“广角镜”，以便使场面照得很宽广一样，拍摄极光图像，当然要用高功能机型相机，才能获得清晰、绚丽多彩的逼真效果。

地磁两极的高纬度地区，一年会出现数十次极光，而低纬度地区仅偶尔出现，如黑龙江呼玛地区高空于 1957 年 3 月 2 日 19 点出现彩色亮点，尔后变换为圆环形，再后变换成幕状，到 20 点 30 分消失；再如 1982 年 6 月 18 日 22 点左右，吉林省西部、内蒙古与河北省北部也出现同样景象，大约 1 小时后消失。极光有时还呈飘带状、云朵状、面纱状、放射状等。

极光暴发有时会对无线电通讯产生干扰，或使雷达屏幕出现虚假图像，对输电线、电话线等亦可能感应产生强大电流，造成影响。这些都有待进一步观察和研究。当然，研究极光可了解地球外层空间结构以及太阳风暴对地球的影响。

蓝色的裙衫

假如你坐上宇宙飞船，遥看地球，她真像穿着一件美丽的蓝色裙衫，在颗颗多呈黄色的群星中，唯有她最深邃、最漂亮，确如最碧透的蓝宝石一般。而那蔚蓝的裙衫，便是其他星球上少有的、约占地球表面 70% 的海洋。海洋不时地涌动，每日早晚的潮汐，颇似蓝色长裙随风飘摆。谁见到此景能不激动万分呢?

浩瀚的海洋，孕育了地球上的生命，同时控制着地球的大气环流，影响着全球气候：风云雨露、干湿冷暖、旱涝丰收，都与海洋环环相扣。因此，应用遥感对海洋进行监测，是国际上非常重视的事情。海洋遥感卫星平台，多是太阳同步卫星，它们在800千米的高空围绕地球运行，对瞬息万变的海洋实施大面积、定时、快速、同步和连续观测。

按接收方式，遥感有主动式和被动式之分。主动式（有源）遥感器本身发射电磁波到海面，并且接收从海面返回来的电磁波；被动式（无源）遥感器不发射电磁波，只接收海面辐射的电磁波。卫星上遥感器接收海面反射或辐射的电磁波数据，再传送到大陆地面站，经过处理即可获取海洋各个方面的信息。

卫星遥感，观看海洋的远景；高空遥感，观看海洋的近景；低空遥感，则是观测海洋的特写镜头。总之，海洋上的遥感及照片，能反映出海洋的各种容貌，各种姿态，甚至也能反映出海洋的各种演变，各种蕴涵。如风平浪静的海、波涛汹涌的海、海底地形起伏、海岸滩涂分布、海洋岛屿升迁、海船尾迹及油污、海中的各种资源、海水动向及温度……

海洋是硕大的聚宝盆，是生命的摇篮。目前每年向人类

旭日东升
一轮红日在大海上升起，一道霞光在水面上跳跃，多么有朝气的大自然啊！一派和谐的海洋、陆地、山川

太平洋海浪
海洋游戏时，浪借风势，似脱缰的烈马，似狂吼的蛟龙

提供大约 30 亿吨的鱼类和贝类，储藏着 1 000 亿吨的石油资源，还有丰富的锰、铁、铜、铝、钴、镍、铅等多种矿产。海风、海流、海潮都是人们可以利用的能源，当然这方面现在人们研究得还很不够，而真正广泛地被利用就更差了，还有待我们去努力探索与开发。需要提到的是海底有种“可燃冰”（天然气水合物，含 CH_4 甲烷），已在 20 世纪末被发现，储量巨大，少数国家已开始勘查。因易爆和易燃，距实际广泛开采与利用，可能还要过上若干年。

人类对于海洋的深入和全面认识，还仅仅是开始，迄今为止，人们只对大约 20% 的海洋开展过较详细的调查，对 5% 的海域进行过较系统的研究，其实也就在大陆边缘的海洋上进行的活动较多一些，所以真正认识海洋、开发和利用海洋可谓是“沧海一粟”，善待与保护海洋也刚刚提到议事日程上。因此许多专家学者说：“21 世纪，人类将要阔步走向海洋、深入海洋，21 世纪，可称为海洋的世纪！”

金色的肌肤

你乘过飞机吗？在飞机上你俯视过大地吗？如果不是越洋飞行，你所看见的大半是金色的大陆，而上面或许有一块块平原、一片片湖泊、一道道山脉、一条条江河……还会有一座座城镇、一朵朵云团。

出露的大块陆地，在航天遥感图片上明显反映出有六大块，面积由大至小依次为：欧亚大陆、非洲大陆、北美大陆、南美大陆、南极大陆和澳大利亚大陆（人们把它们分为七大洲，即：亚洲、欧洲、非洲、北美洲、南美洲、南极洲、大洋洲）。另外，有些出露的小块陆地，就是散布于海洋中的岛屿，都反映得很清晰。

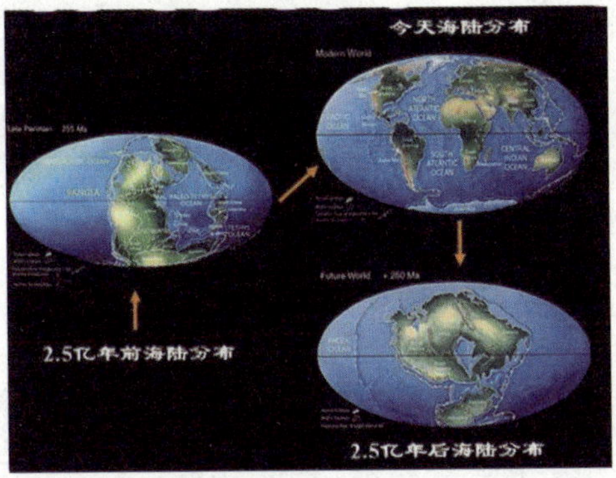

六大板块演化示意图

遥感接收的电磁波数据，一般包括电磁波的波长（或频率）、强度（最大振幅）、位相等三类。如各种颜色的可见光反映出波长（或频率）的不同，它的明暗程度反映出电磁波强度（最大振幅）的不同，光的干涉和衍射反映出位相的不同。而各种物质由于结构不同以及物质微观运动（分子、原子、电子）的运动特性不同，所以对不同的电磁波有着不同的反射或吸收强度。从遥感图片上看，大陆反射的是黄颜色，就是因为其陆地表面的物质吸收黄光较弱，而吸收其他色光较强；而周围的海洋，则是吸收蓝光较弱，而吸收其他色光较强。这样一来，在遥感图片上，蔚蓝色的海洋背景上，就衬托出金黄色的大陆。

你听说过大陆“漂移学说”和“板块理论”吧？这坚如磐石的金色大陆，原来也在不停地运动，只是移动的速度比蜗牛还蜗牛，极其缓慢，每年只能漂移几厘米而已。可是要按亿年计算，那就可观了，一亿年要漂移几千千米呢！告诉一件让你惊奇的事，几亿年前，中国所处的古陆块，曾位于热带赤道附近，是不断漂移，才到了现今的北半球温带。

这是地质学家根据各大陆板块不同的移动方向，不同的移动速率，并结合古地磁的变化以及大地构造演化趋势推断的。现在人类发明了遥感技术，以后只要把每 10 年或每 100 年或每 1 000 年的地球的真实遥感图像，像过电影一

从太空观看地球北极和七大洲

样连续对应比较，就可以看出大陆移动的足迹了。

晶莹的冰峰

如果在卫星上俯视地球，就可以看见地球母亲带着的一大一小晶莹闪光的两块银色首饰。其中大的一块就是指比中国版图还大一倍半的“南极大陆”，它因为整个地面几乎全被终年晶莹的冰雪覆盖着，所以也被誉为地球的“冰雪大陆”，也叫“白色大陆”。那么，冰盖层有多厚呢？竟达2 000多米。南极大陆的冰量占全球冰量总数的90%以上；而那小的一块就是北冰洋中北极圈内的冰山盖层，厚度一般200多米。在两极地区，冰盖边缘被大洋潮汐与海浪猛烈地撞击，日久天长冰块就会断裂开来，滑入海中，由于冰的密度比海水小，于是就漂浮在海面。当然，冰山的底盘在海水下面，出露在水面上的只占1/10左右。冰山漂流得很快，顺洋流方向一天能游动6千米，许多大冰山能够在海洋中游荡10余年，由于日晒风吹逐渐融化变小，最后消失在海洋中。南北两极每年都有数万座到十多万座冰山游弋在海洋中。

卫星遥感，又称航天遥感、太空遥感或空间遥感，其轨道高度可以由几十千米至几万千米，所获取的

南极冰山
多美的冰山，像白玉，像冰雕，好一个漂浮在北极的巨型艺术品

中国南极长城站
地球最南端的山岭中，埋藏着丰富的矿产资源，正吸引着多国的关注，人类尽早要去勘查与开发！这是中国在南极建立的第一个常年科学考察站——长城站

南极科考

“雪龙号”极地科学考察船

卫星影像上反映出极地冰雪呈白色絮团状，以及其他形态特征。航空遥感（如飞机上拍摄的照片），同样也拍摄出冰雪和冰山的生动图像。

在近一二十年，我国也拍摄了无数张两极的地质科学考察照片和电视图像，被同行广为传播。

然而没有遥感拍摄技术工具以前，极地的美景，只有身临其境的探险者才能目睹这一切而一饱眼福。

两极地区，也蕴藏着可观的资源。特别是南极地区，经各国考察队的初步工作，发现了被认为可能是地球上最大的铁矿，即“查尔斯王子山脉”大铁矿：方圆 200 平方千米，厚 100 米。还有东南极洲的维多利亚地大型煤矿，以及连续在罗斯海、威德尔海、别林斯高晋海的大陆架发现的大型石油天然气产地。同时还发现了金、铜、钼、镍、钴、铅等 200 余种矿产资源。

绿色的纱帐

绿色的纱帐，广袤的平原，是地球母亲送给我们人类最独特、最精彩、最珍贵、最秀美的礼物！能不能这样说：人们在大自然里照相留影、摄像画图……最多最喜欢的是绿树、绿草、绿色的田野了！

绿色，是生命的象征，是活力的象征，是青春的象征。如果你生活里不开心，就到户外去看看生机盎然的嫩绿草地、翠绿树林，忧烦的心绪会悄然消失；如果你长期学习或工作，疲惫不堪，就到公园或郊外去，看看碧绿的竹林或浓绿的稻禾，沉闷与倦意就会一扫而光。

俯瞰这些宛如纱帐一般的绿色生态植物群落，无论是浅绿、淡绿、嫩绿、翠绿、碧绿、墨绿……在航空或卫星遥感图像上，均有相应的反映，而且可以依据彼此不同的电磁波谱进行识别与分辨。因此，近些年来农业方面已广泛应用。比如通过测定小麦、玉米、水稻等各种植物在关键生长发育阶段对太阳光谱反射率的不同特点，就可以利用遥感照片资料对各种农作物的播种面积与长势以及产量进行预测和预报。这些数据对安排粮食储存、运输、加工、管理，以及制定翌年种植计划和农贸政策都是极为重要的。

美国曾利用陆地卫星和气象卫星数据预测全世界生产小麦数量，报道准确率达 90％，充分显示了农业遥感技术的三大特点：一是居高临下、勘察面积大；二是信息丰富、提供资料多；三是周期很短、分析数据快。我国北京大学研制的农作物遥感估产信息系统已经应用气象卫星数据，在监测和分析河南全省小麦长势、估算其产量方面，为农业统筹管理提供了超前服务。我国农业部门的诸多科研单位，在遥感应用研究方面，都获得了不少的创新成果。现在，晋、冀、鲁、

豫、皖、苏六省最先建成冬小麦预测估产系统，准确度皆在 94 % 以上。

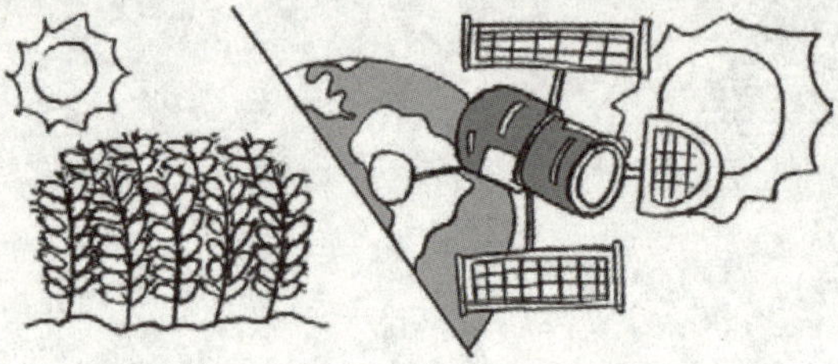

松辽平原地区对玉米估产，也获较好效果。如吉林省已连续多年运用遥感预测播种面积，预测精度高达 97%，产量预报精度达 90%。

卫星遥感在林业中的应用更为广泛，可以对幼龄林、中龄林、成熟林等分别圈定；甚至可对针叶林或阔叶林进行分辨，以至区分杨树、桦树、松树、柞树等。当然，遥感在农林方面应用还有许多工作要做，还有许多问题有待研究。

壮观的山川

无论是航天遥感，还是航空遥感，都可以鸟瞰地球母亲的杰作——大大小小的数百条山脉，它们如橙色丝带一般美丽，其中的大山与大川最为壮观。世界最突出的当数东半球的喜马拉雅山与雅鲁藏布江，还有西半球的安第斯山与亚马逊河，其高、其险、其长、其宽，最为世人赞叹。世界上有 30 余座名山最吸引科考者，吸引探险者。如亚洲的昆仑山、横断山、天山、秦岭、祁连山、阿尔泰山；欧洲的阿尔卑斯山、喀尔巴阡山、比利牛斯山、巴尔干山；非洲的乞力马扎罗山、阿特拉斯山；美洲的安第斯山、阿拉斯加山、落基山、内华达山……

有个有趣的现象不知你是否注意了：从遥感图像的线形构造分布特征，或世界地图上（实际相当于遥感解译成果），所反映出欧亚大陆的山脉，多数呈现近“东西方向”，而南北美洲的山脉则多数呈现近“南北方向”。那是为什么呢？这是不是岩石圈大板块推移引起的呢？请你问一问地质学家、查一查百科全书吧！

全球最高的大山——喜马拉雅山，号称世界之巅。藏语“喜马”为冰山之意，“拉雅”为家乡之意，连起来就是“冰雪之乡”。其主峰——珠穆朗玛峰，藏语是“女神第三”之意，现被称为“地球第三极”。珠穆朗玛峰不仅是地球最高者，而且还是地球上最年轻者。在 5 000 万年以前，这里还是烟波浩渺的一片汪洋大海，后来发生了一次漫长、强烈的造山运动（印度板块挤压欧亚板块），于是诞生了喜马拉雅山和珠穆朗玛峰，以及其北面同时出现的“世界屋脊”——青藏高原。喜马拉雅山和珠穆朗玛峰确实还处于青年时代，而且还在不断地成长着。经地质学家的科学测算：在近 300 万年中上升了 3 000 米，平均 1 万年长 10 米；而最近 1 万年却长了 500 米，平均 1 年长 5 厘米；就是现在，由科学家观测，每年仍长 0.33 ~ 1.27 厘米。

雅鲁藏布江大峡谷

喜马拉雅山全长 2 400 千米，宽 200 余千米，海拔 7 000 米以上的山峰多达 40 余座。喜马拉雅山是富有的大山，有着各种各样的动物和植物，有极为丰富的物产与矿产。特别是还有雅鲁藏布江与它相伴，

雅鲁藏布江大峡谷三维图

喜马拉雅山脉南迦巴瓦峰　　赵洪山 摄

喜马拉雅山还有“江河之母”之称，山上的冰雪和山里的泉水现在供给 9 条江河流淌，已经成为许多大川之水源。

全球最长的大山——安第斯山，全长 9 000 千米，超过海拔 6 000 米的高峰有 50 多座，最高峰海拔 7 010 米，是西半球的最高峰。安第斯山还有几项世界之最：有世界上最高的海拔 6 800 米的“图蓬加托”活火山，有世界上最高的海拔 6 960 米的“阿空加瓜”死火山，以及许多现代冰川和温泉。安第斯山还是南美洲“印加古文化”的发祥地之一。这里蕴藏有丰富的金属矿产，或许是安第斯山名字的来源，因为拉丁语“安第斯”就有“金属”之意。被称为“铜矿王国”的智利，其铜矿储量与产量，在国际上一直排在最前面。发源于安第斯山的亚马逊河，流域面积是世界之首，河水流量是世界之冠。

看到这里，你是否感受到地球给我们的恩赐实在是太多、太多了。她创造出美丽的山川，她编织出锦绣的景观，她养育了无数的植物和动物，她还赠予我们多种多样的矿产资源。我们在无限感慨和深深感激之后，还应该思考一些什么呢？或许应该思考一些如何关爱与善待地球，如何保护与爱惜生物，如何更有节制与合理地开发资源……

幽深的峡谷

由航空遥感照片或卫星遥感图像能反映出地球的鬼斧神工。她雕刻出裂谷、峡谷、地缝、断层等无数线状奇险景观。遥感技术与地表勘测相结合，可以快速、全面、详细、深入地查清景观的真实面貌。我们在这里把世界级的此类典型景观摆一摆吧！

东非大裂谷——全世界最著名最长的大裂谷。南北方向长度达 7 000 千米，从高空遥望非洲大陆，有一条好像用巨型推土机铲出来的宽宽的、深深的长沟，平均宽度 50 余千米，裂谷两壁陡崖，深 1 000 多米，最深 3 000 米。开阔的谷底分布着一些湖泊。它们是怎么造成的呢？原来又是“大陆漂移”惹出来的，科学家说这是超级大陆拉张分离而致（裂谷地下深处岩浆热柱上冲，使地壳断块往两侧拉动张开，越离越远）。据地质学家推算，8 万年后，大裂谷以东部分将会变成为印度洋中一个大岛。

雅鲁藏布江大峡谷是近 10 年由中国科学家依据航空与卫星遥感影像分析，并经极其艰苦的实地考察而发现的世界上无与伦比的大峡谷。平均深度 5 000 米，最深达 5 382 米，长度 496.3 千米，宽度 74 ~ 200 米，峡谷剖面呈不对称的 V 字型，甚至 U 字型。而以前被称为世界第一的美国科罗拉多大峡谷，长度为 440 千米，最深 1 830 米，所以雅鲁藏布大峡谷已跃升为世界第一：长度是世界之最，深度是世界之最，谷底河流坡降度也是世界之最。还发现一处河段由四组大瀑布群体组成，其瀑布高度最高达 35 米，最宽达 120 米，估算水资源潜在发电量也将是世界之最。雅鲁藏布大峡谷地区还孕育了丰富的动植物资源、矿产资源、旅游资源，这些由地球恩赐给我们的宝贵遗产，有待人们进一步去考察和开发。

天井峡地缝——世界上最长的地缝。1994 年 8 月，英国洞穴探险家来到四川，考察了奉节地区天井峡地缝。但所探明的区段还不到十分之一。从空中俯视，全长 37 千米的地缝，最窄处只有 1 米，开阔处宽度可增至 400 米，最大深度达 900 米，浅处仅 4 米多，地缝两壁陡峭犹如斧砍刀切一般，缝底有落水洞，扔下石头，叮咚作响，许久不绝。与天井峡地缝毗邻且同属于岩溶系统的“小寨天坑”，被认作是世界第一大漏斗。天坑底部的地下河水与天井峡地缝水可能是同源的。地缝出口处的迷宫河源头出于悬崖上，有一个落差 46 米的瀑布，异常壮观。总之，该地缝还有十分之九的未知与神奇有待来日有兴趣的人们去探索和开发。

圣安德烈斯断层——举世闻名的大断层。它位于太平洋板块与北美洲板块之碰撞带上，贯穿于美国加利福尼亚州，全长 1 050 千米，断层面伸入地面以下深约 16 千米，断层大部分是被掩盖的，但是断层接触带形成了断层谷地，两侧高差不一，最大差距可达数百米。沿着这一断裂带经常发生地震活动。1989 年 10 月 17 日洛杉矶大地震，使 1.5 千米的高架公路倒塌，许多建筑物和交通设施以及水、煤气管道断

天井峡地缝

圣安德烈斯断层
都说坐落在火山口旁的城市是令人不安的，坐落在大断裂旁的城市是令人不快的，然而旧金山和洛杉矶就坐落在此

裂，造成70亿美元的损失。它提醒后来人建筑城镇之前应尽量先搞地质勘察或请教地质专家，尽量躲开隐伏的断裂带，以及其他可能造成危害的构造区域。

飘动的大气

“谁在室外照相，都希望有蓝天白云！”拍摄楼群时，拍摄青山时，拍摄绿水时，如果有几朵白云做衬景，你立刻会感到艺术格调陡然升高。如果水面上再映出浮动的蓝天白云，你会更加觉得意境无限美妙！

白云，飘动的大气。大气，地球母亲的风衣。科学家则称大气是地球的防护衣。大气提供了人类生存必需的氧气，又保护地面有适宜的温度与湿度，特别是对人们难以感知的有害宇宙射线，它成功地进行了妥善的屏蔽，同时还抵挡着来自外空每年达数千万吨陨石的袭击。

那么，大气有多厚，是怎么分层的？科学家给出的结果是让人吃惊的。大气圈的厚度竟有42 000千米，相当于固体地球半径6 370千米的6.59倍，在南极与北极要差一些，也有2 800千米。大气总质量约为3.9×1015吨。依据大气的物理性质、化学成分、温度变化等，通常将大气圈分为五层：对流层、平流层、中间层、热层、散逸层。

从海平面算起到空中5千米处，包含了大气全部质量的一半。我们乘坐的飞机，一般飞行在10千米左右的空中，从地面往上至10千米的高空，则包含了大气全部质量的四分之三，至此已到了空气“对流层”的边缘；再往上至20千米高空，则包含了大气全部质量的十分之九，这里已是平常所谓的空气“平流层”了。有人说，假如乘航天飞机升到这一高度，向上望去，尽管是白天，天空也是一片紫黑色，

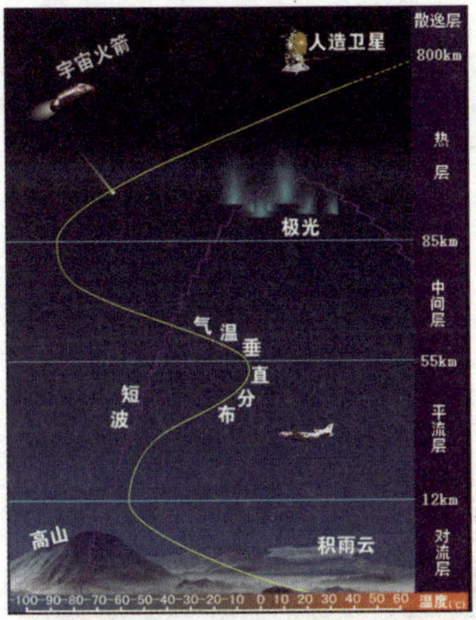

大气层示意图
原来大气竟分这么多层，还都有渐变的界限，仰天长望，科学家探测的结果，真让人感叹

只可看到亮晶晶的星星，因为这里已没有空气分子散射阳光了；如果再往上至80千米，极稀薄的大气分子在宇宙线作用下可以自由地电离，形成主要的电离层。同时也包含我们知道的非常重要的臭氧层。其实,大气各层没有明显的界限，由于多种因素的影响而使它飘忽不定。但是，我们必须关注大气、关注臭氧层。保护大气，保护臭氧层，就是保护我们人类自己。

风、云、雾、雨、雪、雹、雷电、霞光等天气现象，都发生在哪层大气里呢？其实人们熟知的这些天气现象都发生在地表以上的第一层——对流层。1960年美国发射世界上

高空云海
坐在万米高空的客机上，看见一大片云海在下面漂动，会别有一番滋味的

第一颗气象卫星，以后俄罗斯、日本、欧盟、印度和我国都发射了许多颗气象卫星，累计已有数百颗。卫星遥感解决了原来常规气象观测中的三大主要难题：由局部性转变为全球性、由单次性转变为多次性、由不均匀性转变为均匀性。

目前“极轨气象卫星”每天两次巡测地球，“地球静止轨道气象卫星”每半小时可以获取一幅相当于10倍于中国国土面积的1亿平方千米的天气云图。我们每天在电视中收看的气象云图就是依据卫星遥感信息编制的。

第二章

给地球体检

当你因为升学、就业需要提交一张体检表时，或者因身体疾患需要就医时，你总要去一所综合医院做诊断。走进医院，映入你眼睑的是一系列诊室，诊室门上挂着牌子：B超室、CT(电子计算机层析成像）室、MRI（核磁共振）室、心电图室、脑电图室、X线照相室、理疗室（红外线疗法、超声波疗法、放射性疗法、同位素疗法等，老百姓称其中一部分为“烤电”）——其实这些都是物理探测式的诊断或治疗方法，甚至一般内科诊室医生用的听诊器（振动放大接收器）、普通血压计或电子血压计等也属于“物理探诊”的常规方法。这些医用仪器和地质工作者使用的探测地球的仪器均有所相似和对应。所以有人讲探测地球就是给地球作诊断，这句话听起来不无道理吧！

真是这样，不仅给人们看病的医用仪器和给地球勘察的物理探测仪器原理上很一致，其结构设计上也大同小异，而且诊断形式与探测形式也很相像与近似。如测心电图时，是在双臂手腕上和双腿的脚脖上置放 4 个金属夹子电极，而探测地球时是在地表土壤或岩石上打 4 个金属接地电极，测出地电图，根据地电图分析推断地下地质构造及变异状况、地下水或矿产分布情况。

若追索起技术发展过程，物理探测中的“地电法”已有百余年历史，而心电与脑电观测诊断应用还不到50年的历史，如果说人体电流医学技术是从地球物理方法或“物探”技术引入的也不为过。当然，X射线是19世纪末发现并很快用于医学领域的，而用于地球物理探测技术中，则已是20世纪的中叶了。还有CT计算机层析成像技术，是20世纪70年代首先用于医疗诊断，地球物理工作者80年代也跟着开始应用CT投影图像重建方法来探索地球的奥秘。另外一种新技术MRI是根据1946年发现的“核磁共振”现象研究发展起来的，十几年后就开始试验并应用于地球物理探测中，而二十多年后也开始试用于医疗临床诊断中。

总而言之，上述种种说明医学诊疗技术与地球物理探测技术的发展应用总是相互作用、相互促进、交叉进行的，而且学科之间的相互联系、相互渗透，今后还将继续下去。你或许听说过，发达国家现已开始的前沿性创新研究，如制造小型“电子昆虫”、“电子蜻蜓”、“电子苍蝇”、“电子蜜蜂”在军事侦察中应用。而这些基于微电子技术和微信息技术，也包括纳米技术与激光技术等高新科技，同时能在医学和地质学中应用，医学家和地质学家已开始设想，微型传感器、微型机器人在诊治以及深部探测中的应用。前景可想而知啊！

为地球做“B超”

声波是大家都很熟知的，其中排行老大的是超声波。它的声音频率最高，大于20万赫兹（每秒振动次数）；排行老二的是声波，声音频率为20～20万赫兹，这是人类能够

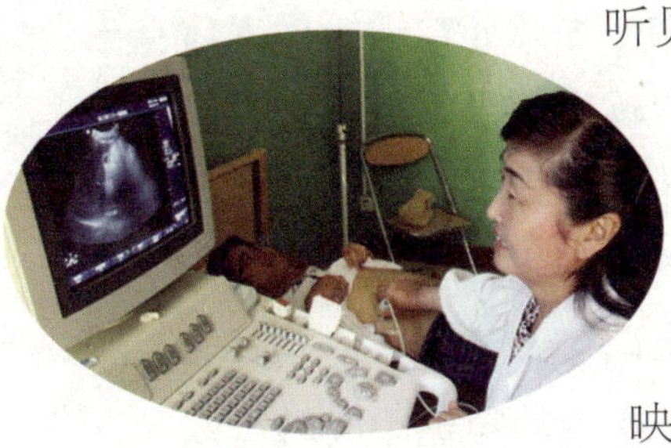

听见的声音；排行老三的是次声波，声音频率最低，小于 20 赫兹。

大家通常说的 B 超，是指在医院做体检时使用的 B 型超声显像诊断仪，通过荧屏上的光点来反映人体内脏是否有肿瘤、囊肿、结节、积水等。其实医生给你检查时，你也可以扭过头去看一下屏幕，有亮区和暗区之分。当医生检查完毕，撤走在你身上的“探头”（声电换能器），并在体检表上写出：“肝、胆、脾、肾检查未见异常回声”时，你尽可拍手称快了。

给地球做 B 超与给人体做 B 超，其实原理是类似的。如使用探头（即“换能器”），都是先将电能转换成声能（超声波），“声束”进入体内后遇到两种不同的介质时，在介质的分界面产生反射，称为回声，剩余的能量“声束”继续深入，当再遇到两种不同介质的界面时，又出现反射，依此类推。而人体某器官各层组织界面的回声，或地球某部位中，不同岩石或土层的界面的反射，都是通过探头回收到超声诊断仪或超声探测仪中，仪器又将声能转换成电能，经过电脑处理而显示到荧光屏或记录器内的。

声波探测示意图
听不见的超声波也能在地下传播，并可探测地下物体及其结构，很是奇妙

致密的岩石对于超声波之反射信号较强，图像呈现亮区，而有裂隙或溶洞的岩石，对于超声之反射信号较弱，图像呈现暗区。

超声波由于振动频率很高，波长很短，所以具有很高的分辨率，并且具有较强的穿

透力，能反映出探测对象的微观结构，因此非常适于做人体医学诊断应用。但岩石对频率很高的超声波吸收较多，故超声能量衰减比较严重，因而只用于探测距离不太大的地质体或建筑构件。那么，对比人体大得多的岩体、地质构造等进行探测，就可由声波和次声波来承担了。因为振动频率降低，波长加长，振动能量衰减较小，在介质中的穿透距离就可以增大。

总的来说，声波中的老大、老二、老三联合起来，可为地球母亲作多次“体格检查”。如溶洞、断层、裂缝、岩石稳定性、土地松弛性、工程牢固程度及质量、滑坡与坍塌的监测、地震与火山活动预报等等。

例如，在广州白云新国际机场，用声波技术（陆地声纳方法）查明深度 20 ～ 30 米间有直径为 2 ～ 3 米的溶洞和土洞，为机场建设提供了重要资料。所利用的激发和接收信号频率很宽，一般为 5 ～ 20 赫兹，包括一部分次声波。

再如，在山西和陕西省建设大桥和山区公路隧道进行选址时，利用了超声波和声波探测技术，圈定出岩石稳定而牢固的地区，取得了良好的效果。该项工作方法与技术的原理很简单，所依据的就是波速与岩体的特征有明显的相关性。波速大则反映岩体致密、坚硬、稳定，波速小则反映岩体破碎、松散、不稳定。

为地球做“C T”

央视 1 台与 10 台“科技博览”节目于 2004 年 4 月报道一则真实故事：一名高中生正准备高考时，突然头疼难忍，于是到一家大医院就诊，经过一系列检查，原来是头顶内部有三根针状物，必须立即动手术取出，然而三根针状物离大

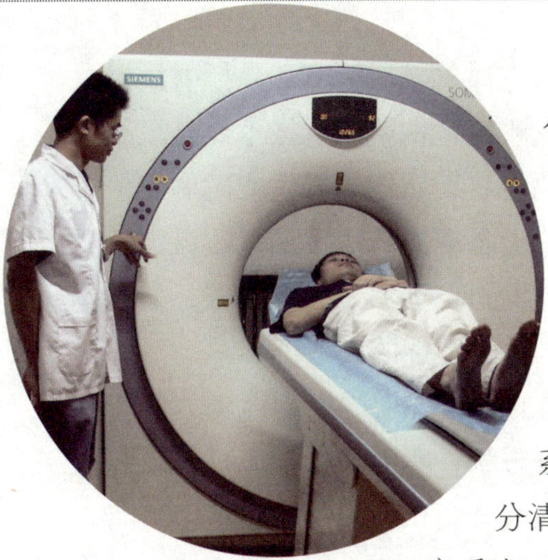

人体CT扫描成像原理

CT仪器很复杂，但原理很简单，即由检测、运算、显示三大块组成

血管与神经主干很近，手术不许有丝毫失误。手术全过程应用了CT神经导航系统进行监控，影像显示十分清楚，应用人工智能机器人医疗手术，最终取出3厘米长的缝衣针以及生锈变粗的断柱……这位年轻人的宝贵生命多亏有了这么高超的新技术和新设备才得以延续。

CT，这个几乎人人都知道的英文缩写，中文名称就是电子计算机体层扫描技术。目前，医学领域应用的CT技术有两类。第一类是用X射线的CT技术，简称为X-CT；第二类是通过注入人体内微量无害的放射性物质（称核素），来获取脏器功能和血流量变化以及代谢物质在体内吸收、分布、排泄、转移等多种信息图像，简称为E-CT。现在第一类X-CT应用最多最广，所用设备包括X射线源、检测器、电脑、图像显示器。诊断过程是X源与检测器同步围绕人体做圆环式旋转移动，而且每次旋转一周之后，还要做平行位移，再次旋转，如此多次进行，形成了体层扫描。

检测器连续获取的海量数据传输到电脑，按一定程序进行运算处理，最后便在显示器上呈现出人体被探测部位的三维立体图像或二维多方位多层的断面图，进而供医生对比、分析病变异常分布的位置，为病案提供科学依据。

地球物理探测中的CT技术应用，与医学诊断人体的CT技术具有相同的基本原理。其方法分类较细，如地震层析技术就分为透射波层析方法、反射波层析方法、折射波层析方法。与常规地震勘探技术比较，地震层析技术具有较高的分辨率，更有利于全面细致地对地质体（岩体或矿体等）进行圈定，划出其空间位置、形态等。可用于油气、煤田、金属、非金属矿产的勘探与开发；也可用于工程勘查，如高楼大厦、大型水坝等地基结构及稳定性的勘察。

物探 CT 与医疗 CT 不同的是：现在应用的地震波层析成像方法和无线电波层析成像方法，所面对的地体是未知的（人体构造是已知的），构造成分变化多端，难以对比，而且地质构造复杂，加之绕射波、回折波、多次波等等干扰波伴随存在，给物探 CT 分析解释带来更大难度。

例如，山东一处大型金矿区，其黄金产量占全国总产量的 20％以上。运用地震 CT 方法，通过两条观测剖面探测技术，找到了被忽视丢下的金矿带，可以继续开采利用，同时圈出采空区，为解决安全问题提供了依据；在甘肃金川一铜镍矿区，应用地震 CT 方法，查清了一处隐伏矿体的位置和形态，为开发提供了重要线索；在辽宁一处新发现的金矿区，应用地震 CT 方法，追踪隐伏的金矿矿脉，取得了良好的效果。

长江三峡工程中，应用 CT 对临时航闸的边坡岩体和升降机旁的砼墩进行检测，查清了这个高度和规模令世人瞩目的构筑体的质量。总之，电磁成像技术成果，可以及时、准确地为工程施工与设计单位提供科学依据。

为地球做“X光”

德国科学家伦琴于1895年偶尔发现了一种未知的射线，称为X射线，他拍摄出世界上第一张人手掌骨骼形态X射线透视照片，开创了医学影像新纪元。至今，X透视已经成为常规诊断方法了。无论是呼吸系统还是循环系统、消化系统、泌尿系统、骨骼系统……要想科学确诊，全离不开X透视技术。当医生说：“你去做一下透视吧！”你就明白是让你做X透视，你也很容易接受，因为时间短，也不贵。如果让你做CT（电子计算机体层扫描成像）或让你做MRI（核磁共振成像技术），你可能就要思量一番了，因为时间要长，花费也多。目前做X透视，做一次花费数十元即可，而做CT一次就要花费数百元，做MRI一次可就要花费数千元了！

X射线发现后，一方面用于医学，另一方面用于分析

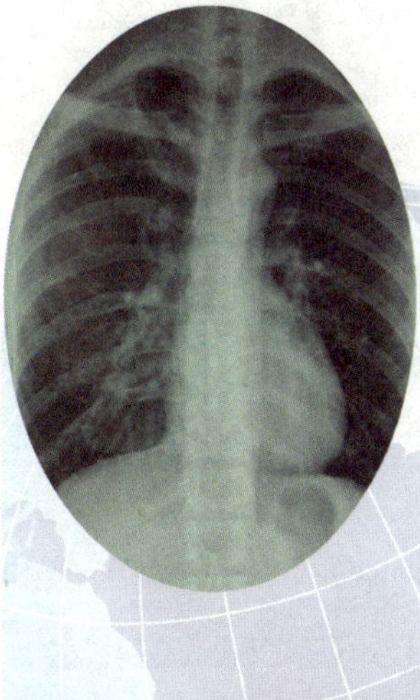

鉴定物质，就是由X透视机发射出的X射线，激发样品中的元素，使之发射各种元素独有特征的X射线，根据其能量分布与强度判定元素种类及含量。20世纪60年代，西方发达国家研制出适合野外作业用的轻便X射线荧光仪，70年代中国也研制成轻便的X射线荧光仪，适用于对岩石成分做某些鉴定以及用于找矿和勘查评价。

地质调查，除了X射线之外，还用α、β、γ（希腊字母）三种射线来测定某些地区的岩石与矿物放射性的射线，都有不同程度的穿透作用。所以皆称为放射性物探方法或核物探方法。现在此类方法又大量地用于人类居住环境保护的调查中，包括居民区岩石、土壤、水体中的放射性元素的含量，甚至住房、居室建筑材料和装修材料的测定等方面。

X射线透视技术是处于电磁波高端的技术方法，而处于电磁波低端的无线电透视技术，也是找矿勘探常用的方法。两种方法透视解释原理是一样的，出现“阴影区”就是异常区。如同人体透视结果一样，屏幕或记录仪（底片）上的异常区即为病灶，而地下透视结果，记录仪（打印纸）上的异常区即可能为矿体。

为地球做“磁疗”

不知你是否注意到：报刊中介绍睡眠知识时提出一种见解，认为人睡觉时应该头朝北而脚朝南。理由是地球这个大磁体与人体这个小磁体其磁力方向需要一致，顺应磁力线可使生物电加强，有利于气血通畅和睡眠质量的提高，并减少失眠。这也是对人体的磁疗。现在磁疗已发展有多个方面，比如磁化杯、磁化水、磁疗枕、磁疗床垫等等。

人类对地球具有磁力的认识相当早。我们的祖先于公元前 3 000 年就有关于“黄帝”部队在河北涿鹿征战时，利用所发明的“指南车”来辨别方向的传说，公元前 5 世纪《山海经》中有采集磁石的记载，公元前 3 世纪《吕氏春秋》中就有“磁石召铁或引之也”的词句，古时用“慈”字是把磁之吸铁看成为慈母招子一般。公元前 250 年战国时期的《韩非子》写出过“先王主持制造司南来定方向”，司南是用磁石即磁铁矿石磨制而成，形状像勺子，也叫做磁勺。现在央视 10 台“科学探索”节目中就用磁勺图像作为节目标志。北宋时期用磁石摩擦一根钢针，使它磁化，放在架子上并起个名字——“指南针”。公元 13 世纪，马可 · 波罗从威尼斯慕名来到东方繁华发达的中国，学会了汉语，生活了

磁勺
有各种各样的“磁勺”，这是其中的一种

指南车
古代人造出指南车来确定方向，很了不起

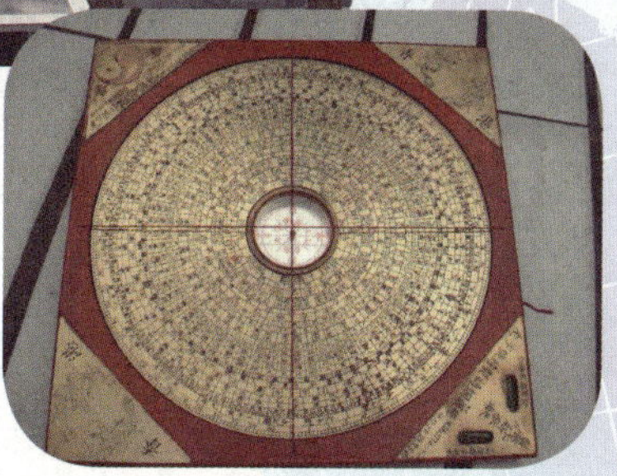

磁罗盘
这是能指出具体方向的罗盘，陆地、航海中都应用过

17年，往返于中国和欧洲之间。中国的伟大发明——指南针、印刷术、火药便传至欧洲，而造纸术则是在这之前就已经传播过去了。西方的医学、数学、天文学等知识，也是在这段商贸往来中传向中国的。

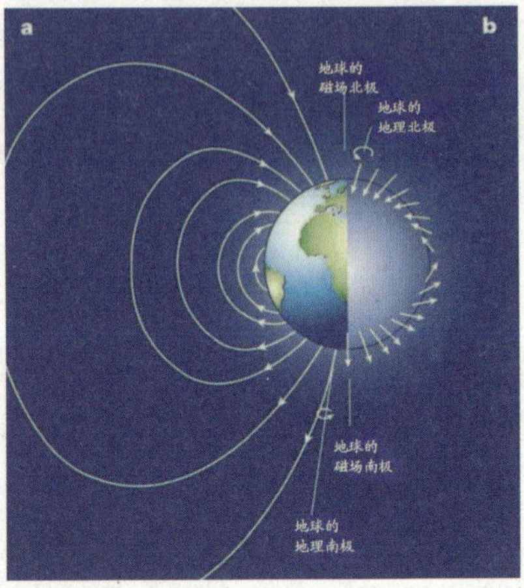

地磁场示意图

指南针加上中国古代的八卦式方位盘，就是“罗盘”，也叫“罗经盘”。这项人类创新大发明，传至欧洲后为航海提供了一项保证。茫茫大海，无边无际，有了罗盘就有了方向。这为15世纪哥伦布发现美洲新大陆、为16世纪麦哲伦环球航行提供了一个前提。遗憾的是，如果当时的明代皇帝明智，不阻拦郑和远赴大洋彼岸，说不定发现新大陆或环球航行将是东方人的成就了，而且会使这项伟大的科学行动提早100年呢！现在有位美国人寻找了许多证据，证明在哥伦布之前，早就有中国人在美洲居住，证明新大陆是中国人发现的。

科学家提出过许多地球磁场生成假说，目前得到公认的是地球内部相对运动形成一个巨型“发电机”引起磁场之理论。地球磁场的磁轴与地球旋转轴现在有一交角为11.5°，磁轴是缓慢变化的，大约每1 000年两轴可能重合一次。

还有一个让人震惊的现象，就是几万年至几十万年会发生一次磁南极与磁北极的翻转，经科学家测定，近150年来地球磁场正趋向减弱，几百年后或几千年后人们会经历到所有罗盘都将倒转，直至180°，那时，磁南极反转到地球正北极附近，而磁北极反转到地球正南极附近。

正常的地磁场，对人体有磁疗保健作用。而太阳磁暴，干扰地磁场的变化，则会引起人类的病变。美国科学家辛克勒通过多年观察测试统计表明，磁场强度加大能够引起痢疾、百日咳、破伤风、青光眼、心脏病、高血压和神经病例的增多。还有更让人惊奇的事：科学家做过试验，改变水族馆的外加磁场方向，大王乌贼就一反常态，倒退游动，再把磁场方向变回来，它又会正向游动。这说明磁场翻转变化的作用。有些科学家也提出，螃蟹横行原来也是地磁场翻转反向引起的结果，因为它耳朵里有一个起定向作用的小磁粒，地磁场反复翻转后，使它大伤脑筋，从而南北不分，形成横走习惯，以适应地磁场之转向变化。这些地球上微妙深奥的变化你可曾想到吗？

磁力用于勘查找矿也有一百多年历史了，从 1870 年瑞典最先研制出勘探用的磁力仪，到现在，我国制造的磁力仪已经出口其他国家。磁力方法找矿的原理也比较容易理解，宇宙间的各种物质都有磁性，只是强弱及特征不同而已。因此，观测磁力的大小和变化规律就可以推断地下埋藏的铁矿或其他矿产的情况。

为地球测"心电"

人们总有好奇心，当医生把你的"心电图"递过来以后，你一定会很快看一下那心电曲线是什么样吧？甚至要问："大夫，我的心电图有异常吗？"谁都知道：心脏是人体的"发动机"，心脏对于人是第一大功臣，只有心脏跳动，才能保证人的生命存在。那么心脏跳动与心电图是怎么回事呢？

心脏跳动产生一股微小的生物电流，传导至身体表面上使不同部位具有不同的电位（可当成电压），测其两点间的电位变化就反映出心肌运动情况。正常的心电图是有规律周期变化的脉冲式图形，国际医学上统一规定将一个周期内波形各段分别称为P波、QRS波及T波。P波可反映心房跳动情况，QRS波可反映心室跳动情况，T波可反映跳动后间歇恢复期情况。如果发生心血管病变，正常心电图波形将出现异常，医生将根据各种波形变化，诊断各种相应的心脏疾病。

地球内部各种运动也导致电流的产生，而且是多种频率的电流，在地表不同部位也有不同的电位。同样，测两点间的电位变化就可以了解大地电场的周期变化规律，并可绘出相应的地电图。如果发生地震活动、火山活动、断裂构造运动、磁暴或雷电暴，地电图波形同样会出现异常变化，即出现各种类型的高频大地电场。当然，这对电磁波通讯会产生影响，甚至影响电视和广播。

另外，观测大地电场的变化规律，可以探知地壳与地幔的结构、分层、成分、性质、状态、变化等，进而为预报地震、火山、岩石构造活动等提供重要信息。在地下局部地区赋存金属、非金属、油气等矿床和矿田，也会引起电场变异，这就为地球物理探测的电法找矿提供了依据。

地电场变化的观测方法可分为交流电法和直流电法，这正如我们生活中电灯、电视等都用的是交流电，而手电筒和便携式收音机用的是直流电一样；观测地电场变化的方法还可以分为天然场电法和人工场电法，前者如同健康人测心电图，后者如同因心律失常，安装“电起搏器”的人再测量心电图一样；再有可根据直接测电压或间接测电阻率而分为电场强度法与电阻率法。电法是物探中变化多端的方法，上述三种分类，每一类又可分为多个亚类，有关方法后面还在一些实际应用上做具体描述。

应用电法找矿，道理不难理解，如有一种电法是向大地通入电流，而后在地表沿某一剖面测量出两点间的“电压”数值，观察研究其大小和变化特征进行找矿的。

为地球测“脉搏”

请你用右手的手指按摸左手腕部的脉搏，就像中医医生把脉那样测量 1 分钟，看看脉搏跳动多少次？大概是 1 秒钟左右跳动 1 次吧！那么现在告诉你，地球也是有脉搏的，也是每分每秒都在做微小的振动，简称微动。如今工程地质学家利用检波仪接收微动脉波，放大处理后去解释与评价建筑物地基的坚固特性；矿产地质专家利用微动测深资料数据，去解释和推断几百米至几千米深部的石油构造或地下热水储藏层位。

你一定知道地球在短时间内发生较强烈的振动的事，这

我国东汉时期的科学家张衡和候风地动仪

就是人们熟知的地震了。地震专家在地震观测台的记录上可以获得详细的振动脉波数据资料，据此计算出地震发生的距离、深度、方向和强度。

说起地震观测，我们就会首先想起东汉时期伟大的天文学家和地震学家张衡。他创造出世界上第一架观测地震仪，那就是著名的“候风地动仪”。这可是一件具有高超的科学思维和高度艺术美的古代最佳作品啊！如果你真的想看看展品，你可乘车去北京“中国科学技术馆”的古代科技发明陈列室，你就能够欣赏到逼真的彩色实物仿制模型了！

地震，是地球母亲自身极其痛苦的激烈振动的脉波，有时还出现巨大的破坏性，这自然是人类的地球母亲所不希望的事！她也不时地告诉人们，要不断地探索总结这种她也不能控制的疾患发作之规律。现在全球每年平均发生有感地震大约 800 次（5 ~ 5.9 级）、较大的有 150 次（6 ~ 6.9 级）、更大的约有 18 次。目前人们用来预测地震的技术方法可能有上百种。对地震的预测有中长期预测、短期预测、临震前预测等三类。而预测之后，要进行地震预报，即预报要推出发震时间、发震地点、发震级别，称为地震预报三要素。具体观测项目有地震地质方法、卫星遥感探测、地震活动图像分析、测震技术、地形变测量、重力场变异分析、地电变异分析、地磁变异分析、地下水物理参量变化、地下水化学参量变化、应力应变观测、气象宏观异常观测、动物行为异常分析等。

值得高兴的是，现在有些青少年很关注与研究地震预测问题，比如北京电业中学在几年前就建立起地震观测小组，安装“土地电”，观察“地震云”，自制“观测仪”（包括各种小发明：警车式、秋千式、滑梯式等临震预报器）。他们还真的通过多次观测、预报、对比实际发震的情况，曾对

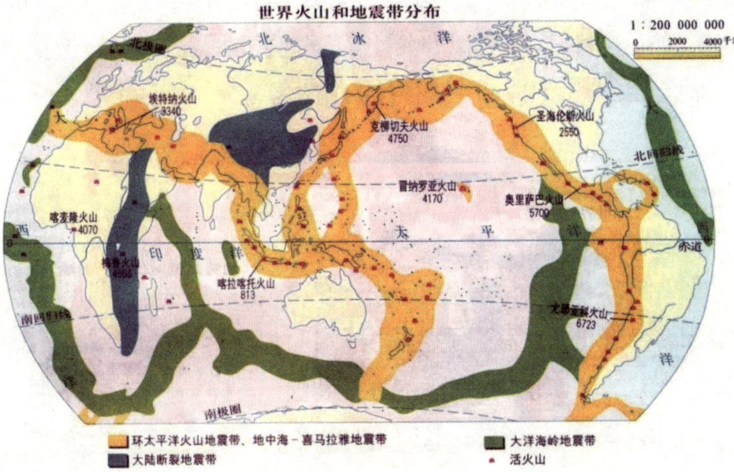

全球地震分布图

前几年渤海湾地震、新疆某次地震、云南某次地震、河北某次地震都提前提出了相应的预测。他们几十人很有热情，很有耐心，很动脑筋，写出了不少小论文。如“华北地区地震震中可能向西北方向迁移”、“地震与初一、十五有无关系”、“为了祖国，去探索地震奥秘”、“地电与震级远近关系”等，还真有些水平呢！要不，为什么连中央电视台“走进科学”“异想天开”等栏目，还有《北京日报》等都先后报道了他们的事迹呀！希望他们之中将来有人成为地震科学工作者，甚至成为张衡第二，为世界预报地震工作做出杰出的贡献！

利用人工地震波方法可以找矿，特别是找地下深部的隐伏油气矿田，已经成为世界各国最关键的技术方法。其中最为常用的是“反射地震波法”，勘探原理是用人工方法在地下浅层产生较强的振动，如用炸药或其他方法，于是地震波向地下四面八方传播，当遇到含油气等岩层分界面时，就能像光线遇到玻璃那样，有一部分反射回到地表，从而被地表设置的一些"检波仪"接收，分析这些反射波的到达时间、强度等特征规律，就可以推断地下岩层的埋藏深度、起伏及某些性质，进而推断地下油气赋存情况。

为地球测"体温"

"你的体温现在是38℃。"如果在"非典"期间，听了这句话，谁的心都会有点儿发颤！体温，是医院对病人常规检查的头一关，是非常敏感的话题。同样，地球的体温也会让人们敏感的。若是地面上温度降到0℃，就非常寒冷，若是地面上温度达到38℃，则是非常炎热了。至于地下，要想达到38℃的温度，按照众所周知的地热增温率（每深入地下100米，温度升高3℃左右），要深入到地下1 000米深。所以北京钻探的地热井，常常到2 000多米深，热水才可达到60℃～70℃。但并不是线性（正比例）变化，所以地质专家研究地下深处的具体温度，则需要测试各种岩石的热传导率等多项参数，并根据推断的地下岩层分布情况，才能计算出来。如地下100千米深处算出温度约为1 100℃～1 200℃、6 300千米深处（地心）温度则为4 500℃。

著名地质学家
李四光（1889~1971）

我国的世界著名地质学家李四光对地热科学研究非常重视，20世纪50年代，他组建了我国第一个地热研究组。

这个地热研究组于20世纪60年代在北京房山地区打了一眼500米深的地热观测井，70年代提出地球是一个庞大的热库的科学论断，并提出人类应向地球要热能。李四光亲自倡导开展“天津地热大会战”，并为专项地热钻探进行了一系列工作指导，从而在我国掀起了地热研究的热潮，推动了全国地温测量及勘探工作的发展。北京地区地热地质工作也进入了实用阶段，边勘查，边开发。20 世纪 80 年代以后，北京地热资源开发进入较快的发展阶段，尤其以小汤山等地热开发利用最为兴旺。现在地下热水已广泛应用于医疗、采暖、洗浴、保健、温室种植与水产养殖等许多方面。

地球内部的确蕴藏着巨大的热源，自然界的热源多以热泉或火山形式向地表散发。我国是温泉分布广泛而利用也很悠久的国家，新中国建立以前有记述的有 500 处，新中国建立以后经过多年的调查测温，已编制出全国温泉分布图，温泉总数有 2 200 处之多。其中 25℃～40℃的有 859 处，40℃～60℃的有 807 处，60℃～80℃的有 398 处，80℃以上的有 136 处。至于测温的仪器，除了大家都经常接触的水银温度计之外，还有电阻温度计、半导体热敏温度计和红外扫描测温仪等。许多非接触式先进测温仪从 2003

地热

温泉

北京地热温室大棚

年春天以后，即“非典”时期过后，出现在机场候机楼，火车、汽车站候车室以及大医院和大单位的大门前，开始做人体测温的实际应用了。

为地球测“引力”

一讲起古老的传说：“苹果落地……”，许多人都会立即接话：“一阵风吹过来，一只熟透的苹果砸到牛顿的头上，这一司空见惯的现象他却反复实验琢磨研究，最终发现了万有引力定律。”是的，这个故事发生在1666年秋天，牛顿很喜欢在院中苹果树旁晒太阳，并思索着天体运行规律的问题。有一天下午，他坐在树旁想着，想着，就打起盹来了。忽然他被落下的苹果打醒了。“哦，原来是这样。”他自言自语地说着。正巧他的妹妹哈娜走过来：“怎么啦？哥哥，又在对苹果说话了？”“哈娜，苹果从树上掉下来的时候，为什么不是往天空上飞呢？”“这有什么好奇怪的呀！苹果熟了当然往地上掉了！”哈娜很惊讶地说完，就走开了。牛顿沉思许久，想到苹果落地的力量，月球围绕地球旋转的力量，地球绕太阳旋转的力量，是同一种引力所致……

后来，牛顿经过仔细观察、精心运算，并接受了15世纪天文泰斗哥白尼（波兰人）和16世纪近代科学之父伽利略（意大利人）等古代多位学者的天体与力学研究成果，终于造就出这位17世纪科学巨星的伟大发现，他找出了引力、距离、质量间的准确关系；他将两个天体的质量相乘，然后除以二者距离的平方，其结果乘以一个常数就得出两个天体之间的引力，亦即我们称之为著名的万有引力定律，并且在《自然科学的数学原理》一书中，详细解释了他发现的万有引力定律以及他发现的运动三大定律，这已成为我们现代中学物理课本中的经典内容。

万有引力有多大呢？地球与月球之间引力是 2 000 万亿吨，相当于 2 000 亿艘万吨货轮的重量，实际只要按万有引力定律公式计算就可以得出了：

牛顿（1642~1727）

$F(r)=f\cdot m_1m_2/r^2$ 其中万有引力常数 f=1/1 500 0000

地球与人、地球与苹果之间的引力，就是近乎众所周知的体重或苹果的重量；但是人与人之间的引力就太小了，各重 40 千克的两个人，相距 1 米，其间引力也就有 0.01 毫克；两个苹果之间的引力相距 10 厘米时也只有 0.00007 毫克。

地球上物体的重力是什么呢？是地球对物体的引力与地球自转引起的惯性、离心力之合力。但后者太微小了，即使在离心力最大的赤道上，其大小也只是引力的千分之三点几，纬度越高，离心力越小，到了南北极就变成零了。

还有一个挺有趣的故事，在书报上都有过描述：说是 1911 年 4 月，利比亚一位大商人哈桑在北欧挪威采购了 12 000 吨鱼，运到北非的利比亚首府蒙罗维亚城市后，鱼的数目没变，但重量却减少了 470 吨。这个故事里的那些鱼像变魔术似的重量无故减少了，真的挺有趣吧？别说 470 吨，就是 47 吨的鱼，也够 10 000 家人美美地吃上两餐呢！那么，这是怎么回事呢？有人说“都是地球重力捣的乱。”对了！这是地球表面各处的重力不一致造成的。

由于地球不是正圆形而是椭圆形球体，那么越靠近赤道，甩出地壳越高，甩出的半径也越大，所以根据牛顿万有引力定律，引力与距离平方成反比，那么由两极向赤道方向的重量就自然逐渐减轻了。当然，根据初中物理讲过的牛顿第二定律 $f=ma=mg$，重量减轻的实质也是重力加速度减小之故（式中 a 是任意物体运动加速度，g 是地球重力加速度）。如果知道了这些知识就可以避免工作上的失误、商业运作中的赔本，甚至避免种种意外伤害、避免走弯路……学习吧，学习一定会给你带来智慧与顺利，知识一定会给你带来快乐和幸福！

地质找矿工作中也使用“重力”，通常被称为“重力勘探法”。配合地质和其他物探方法，已成功地找到一些地下深部的岩盐类矿床和油气矿床。其物理依据就是矿床和围岩的比重或密度有着明显的差异，只要观测出重力异常变化，就可分析出埋藏的岩体或矿体的大致状况。

第三章

给地球化验

当你听说某地区人群健康长寿，是与水土含有适量的化学元素有关，你会感到新奇吗？当你看到某些地区由于开采大金矿而迅速致富的消息时，你会觉得可喜吗？当广播中报道根据头发可以判断出一个人的出生地、国籍、血型、健康状况时，你会认为很有趣吗？当电视台播报重金属“五毒”危害生命的悲惨事件时，你会被震惊吗？为探索这类与地球化学元素紧密相关的新奇的事、可喜的事、有趣的事、震惊的事，就需要通过化验发现它的来龙去脉，找寻出物质要素千变万化的本源。

宇宙万物，大千世界，变幻无穷，但万变不离其宗，皆由百种化学元素所合成。地球给我们搭建了生存基地——大陆，迄今已化验出的元素有90余种。它们要么是突变的，要么是缓慢地迁移和富集，并且不断地进行化合与混合，这样地存留于岩土或溶于水体之中，同时也会被生物吸收。于是出现了地壳、海水、生物所含的元素以及变化的规律性竟有惊人的类似或相同。

请看，地壳含量较多可称“常量元素”的，只有12种，即：氧、硅、铝、铁、钙、钠、钾、镁、钛、磷、氢、碳。而其余含量较少的(小于0.1%)即称为“微量元素”。组成地壳的90余种元素在人体内几乎均可找到，人体的常量元素（亦称宏量元素）有11种，即：氧、氢、碳、氮、钠、镁、磷、硫、氯、钾、钙，这是生命必需的常量元素。另外还有生命必需的微量元素14种，即：氟、硅、钒、铬、锰、铁、钴、镍、铜、锌、硒、钼、锡、碘，而其余的微量元素则是人体生长非必需的微量元素，有的可能有益于人体，也有的可能无益于甚至有害于人体，这是有待人们和科学家继续观察、探索、研究的问题了。

总之，地球化学通过对90余种化学元素的分析化验，了解地壳的组成与变化规律，了解各种丰富的资源（金属矿、非金属矿、能源矿产、各类水资源）的分布状况，以便合理地开发和利用。

土壤，地球的肌肤

影视故事里，常常描写有人回到久别的家乡，捧起一把土，深情地说：“这就是生我养我的土地啊！”也有的人告别故乡时，将一把泥土放入小瓶中带到他要去的远方，以慰藉自己心灵的思念。你可知道这把土的分量或其中元素的含量吗？

土壤是地表层最适宜植物生长的地方。植物生长过程中选择性地吸收土壤中的一些元素，有的元素促进了植物的成长，但有的元素或无益或有害，但也或多或少地吸入到体内积存。动物吃了这些植物之后，自然也就在体内保留了相关

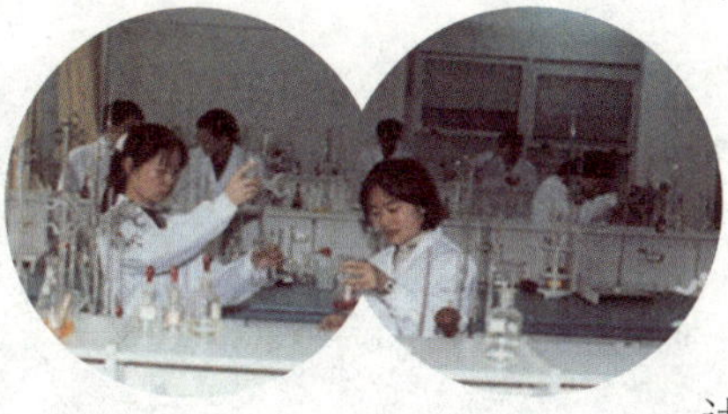

重力法找矿示意图

的元素。人呢，食用五谷杂粮和鸡猪牛羊等，当然体内也含有了这些元素。这就是人们常说的“食物链”。

那么，什么样的土壤能使你有一个健康与长寿的基础呢？一般地讲，土壤中硒、碘、钼、钒、铜、锌等含量较高，而硼、氟、镍、铬、铁、锰、钾、汞、镉、砷含量偏低的地区健康与长寿的人群居多；相反缺乏硒、碘、钼的地区慢性病、地方病与恶性肿瘤等患病率就高。需要提醒的是任何生命必需元素对于生物的作用，都有一个适当的量，低于某个临界值，不利于生物的正常生长，而高于某个临界值时，则引起中毒致病，绝不是多多益善，越多越好。如：众所熟知的碘，因为缺碘，盐中放入碘，专家讲含碘盐瓶子应尽量盖严，炒菜熟了之后再放盐，都可以减少碘的挥发。人体缺碘时，会患甲状腺肿大，重症者会引起儿童智力低下，以至痴呆、瘫痪与聋哑（医学上称“克疗病”）。可是人体内碘过多时，就会患甲状腺功能亢进，重者将引起碘中毒，不治将危害生命。

世界各地都有土壤优劣问题，突出的表现是所谓地方病，如氟元素偏高地区引发氟骨病，汞元素偏高地区引发心脏病，钙元素偏高地区引发结石病，钙元素偏低地区引发软骨病，锰元素偏低地区引发骨畸形病，

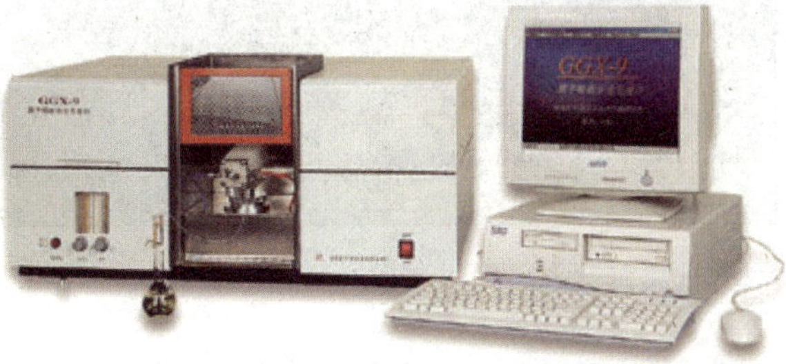

GGX-5 原子吸收分光光度计

云南东川红土地　　王琦 摄

第三章 给地球化验

锰元素偏高地区引发神经病，锌元素偏低地区引发弱智病，锌元素偏高地区引发淋巴病，铁元素偏少地区多发贫血病，铁元素偏多地区多发糖尿病，铜元素偏少地区多发冠心病，铜元素偏多地区多发肝炎病，铬元素偏低地区多发心肌病，铬元素偏高地区多发肿瘤病……实际上常常是一种病变与多种元素有关，而一种元素又可引发多种病变。以上简单的表述，你是否觉得：“不看不知道，一看吓一跳？”是的，有人说几年来，看到一些因元素致病的信息，真有“第二非典”袭来威胁人类的感觉。

其实人们大可不必为土壤元素问题担忧。就以我国来说吧，现在有关人员已经注意在各地针对所缺乏的元素施用富含此类元素的物质。如河北、河南等地酸性土壤中施用所缺少的钙、镁的岩石粉末，不仅补充了钙和镁，而且还提高了当地玉米、谷物、胡萝卜等农作物的产量；不必担忧的第二个理由是，可以通过其他多种食补与药补及时补充有关元素，如缺硒地区的人们喝硒茶、吃硒酸钠片，缺钙地区的人们选择服用钙片、钙粉、维生素 D 制剂等。

岩石，地球的骨架

岩石是地球母亲的骨架，支撑着秀丽的山川，支撑着树林草地，支撑着高楼大厦，支撑着世界万物……这含有 90 多种化学元素的岩石，也是地球向我们提供金银铜铁等有用元素的百宝箱。

那么，这个百宝箱中，到底有哪些宝贝呢？宝贝真的不少，足有上百种，甚至更多呢！

让我们先来数一数这地球大骨架中能让人感到惊喜的宝贝吧！

狗头金

智博铁矿露天采场夜景

激光拉曼光谱仪

常林钻石

云南：东川河砂产业　　周宗毅 摄

“狗头金”你可能听说过吧？有人爬上连绵起伏的崇山峻岭，想找点什么奇珍异石玩玩，忽然在河旁的碎石块中发现一个闪光的东西，扒出来举到眼前一看，竟然像个小狗的模样，虽然不大，只有寸把长，却挺沉实，啊！金光闪闪，是块金子吧？对！这就是“狗头金”！报纸上曾经报道过：在青海、在四川、在某些省区都曾经发现过。

地质学家说，“狗头金”是纯度很高的金矿石。岩石中含金（Au）元素超过 3 克 / 吨时就算金矿石了；如果超过 10 克 / 吨就算是富矿了。这每吨中含有多少克 Au 叫做金矿石的品位。当然含的 Au 越多，品位就越高。而“狗头金”的品位已相当于 n × 1 000 克 / 吨，由此可见，这块“狗头金”，可真是一笔不小的财富啊！

“钻石”被人们称为宝石之王，这是妇孺皆知的。“钻石”就是金刚石，你也知道吧？钻石，放在哪里，都是高价物品，英国女王用它镶嵌在桂冠上来显示高贵，可是，这金刚石却是普通的非金属碳（C）元素构成的，最早发现的金刚石是产在一种叫金伯利岩的岩石中。

前些年报纸上曾经报道过：山东常林地区一个农村女孩，在田野里捡到一块不大的石头竟是金刚石，后来被称作“常林钻石”，她因此获得了一笔为数可观的奖金。

“赏他几吊银子。”“你真称（chèn）银子！”这是古代、现代人们常用的语言。银（Ag）是我国最早用来制作钱币的材料，也是古今人们做首饰以及工业应用的重要原料。

含 Ag 元素的岩石，只要达到 30 克 / 吨的时候，就可算作银矿石了；若能高达 100 克 / 吨就可算是富矿了。银仍属于贵金属中的重要成员之一。

蓝宝石、祖母绿、猫眼石、京白玉、孔雀石、翡翠、玛瑙、水晶、彩石、寿山石……这些数不过来的宝石和玉石，五光十色、光彩照人、美丽无比，有的甚至价值连城、万分诱人。

岩石中相当多的元素，几乎是现代人的衣、食、住、行、用等每天都离不开的东西，有些是人们熟知的，有些是你接触过或利用过但是还不熟悉的，在此，为了让你了解一下，分成六大类摆出来浏览一下吧！

第一类：贵金属元素——包括金、银、铂、钯、铑、铱、钌、锇等。

第二类：黑色金属元素——包括铁、锰、铬、钒、钛等。

第三类：有色金属元素——包括铜、铝、铅、锌、镍、钴、钨、锡、钼、锑、铋、汞等。

第四类：稀有稀土分散元素——包括铍、锂、铌、钽、铷、铯、锆、铪、锶、铱、钇、铽、铈、镧、镨、钕、钐、铕、锗、镓、铟、铊、铼、镉、钪、硒、碲等。

第五类：非金属矿产——包括化工、化肥非金属矿产，如磷、硫、钾、硼、盐、芒硝、重晶石等；冶金辅助原料非金属矿产，如菱镁矿、萤石、耐火粘土等；建材非金属矿产，如水泥石灰岩、玻璃硅质原料、石膏、大理石、花岗石、石墨、滑石、石棉、高岭土、硅藻土、膨润土、硅灰石等；宝石和工艺美术非金属矿产，如金刚石、宝石、玉石、水晶等。

第六类：能源矿产——包括煤、石油、天然气、铀、地热、天然气水合物等。

河流，地球的动脉

河流孕育了人类文明。黄河孕育了中国古代文明，恒河孕育了印度古代文明，尼罗河孕育了古埃及文明，西亚的幼发拉底河与底格里斯河孕育了古代巴比伦文明。遥远的古代，这些大河流无私地哺育着沿岸聚居的人群，良好、富裕、舒

黄河

适的生存环境，造就了古代灿烂的文化，成为人类文明与文化的四大发祥地！

河流和湖泊等天然水域，含有多种丰富的物质成分，采取水样品做地球化学分析（采用光谱分析、电化学分析、色谱分析等），结果发现地壳中的化学元素都不同程度地以离子与分子或以化合物与混合物形式含于水中。其中最常见的有八大类：钙、镁、钾、钠、氯、碳酸根、硫酸根、硝酸根等离子。即：Ca^{2+}、Mg^{2+}、K^{+}、Na^{+}、Cl^{-}、CO_3^{2-}、SO_4^{2-}、NO_3^{-} 等八大离子，已占全部离子的 95% 以上。

有一个普遍的自然现象，就是烧开水的壶总会有些沉淀，甚至结成硬壳，这就是“硬水”惹出的祸。水的“硬度”是指水中所含金属离子（主要是钙、镁离子）总量。用“度”表示：1 度相当于每升水中含 10 毫克的氧化钙（CaO）或

长江　　吴剑波 摄

17.9毫克的碳酸钙（$CaCO_3$）。我国要求水的硬度在250以下。

水的硬度分级表

甚软	软水	中水	硬水	甚硬
0 ~ 40	40 ~ 80	80 ~ 160	60 ~ 300	>300

还有一个自然现象，就是有的水给人咸的感觉，这就是“矿化度”偏高了。“矿化度”是指水中所含溶解盐类的总量。用每升所含盐量的克数作单位，一般说的淡水，如城市供应的自来水，是规定矿化度小于1克/升的水。

水是一种良好的溶剂。除上述常量元素八大离子之外，水中还含主要微量元素，如碘(I)、溴(Br)、铜(Cu)、钴(Co)、镍(Ni)、氟(F)、铁(Fe)、镭(Ra)等8种（含量小于10毫克/升的元素以及化合物）；同时含氧(O_2)、二氧化碳(CO_2)、硫化氢(H_2S)等可溶性气体；水中又含有氮、磷、硅（即N、P、Si）等生物成因化合物；另外水中也含有机物和腐殖质，甚至还有粘土质或其他固体悬浮物等。

离子色谱仪

河流哺育人类脱离蛮荒走向智慧，脱离愚昧走向文明。古代，人们依靠河流水体“自净”能力，即“物理自净”（冲刷、沉淀、挥发等）、“化学自净”（中和、还原、吸附等）、“生物自净”（分解、吸收、排出等）将污染物去除，净化其水源。现代，人们无约束地制造过度的污染，河流已无法保障可持续发展用水，亟待人们科学地理智地善待河流，爱护水源。

泉水，地球的微血管

酷夏炎热，喝上一杯清澈透明、清凉可口的泉水或井水，那可真是清爽宜人、清心贻神啊！水，氢二氧一 (H_2O)，小学课外书中就介绍水：无色、无味、无嗅的透明液体。这是指纯净的水。可是你如果多去一些原野山村，尝上几口泉水或井水，你就会碰上或许甜丝丝的水，或许咸滋滋的水，或许苦丝丝的水，或许涩巴巴的水……这是怎么回事呢？秘密在于水中还含有其他元素：甜味来自水中的有机质的元素，咸味来自水中的氯化钠，苦味来自水中的氯化镁或硫酸镁，涩味来自水中的硫酸钠等。还有，如果水中有亚铁离子可以嗅到腥味，水中若含有硫化氢可以嗅到臭鸡蛋味……

泉水与井水，这是正宗的地下水，特别是山中岩层间流出的矿泉水未受污染并含有某些微量元素，对人体健康确实很有益处。那么，到底有哪些益处呢？从《矿泉水分类、含量及作用表》便可一目了然。

目前我国规定：含有适量的锂（Li）、锶（Sr）、锌（Zn）、溴（Br）、碘（I）、偏硅酸（H_2SiO_3）、硒（Se）、游离二氧化碳（CO_2）等八种物质之一者即为矿泉水，而含两种以上上述物质就是天然优质矿泉水。而且，可以作为饮用的矿泉水，对酚类、氰化物、亚硝酸盐、放射性元素等都有严格限制，同时对采水、加工、装瓶过程中可能混入的细菌群落等微生物也有严格的要求。

泉水除了饮用之外，根据物理化学性质以及产地，还有其他多种用处：如医疗用泉水、农业用泉水、工业用泉水、观赏用泉水等。我国矿泉水资源十分丰富，全国已知产地多

趵突泉　　　　清泉涌流不息

达 3 000 多处。已经建厂生产加工矿泉水的企业有 1 000 余家，年总产量超过 300 万吨。

矿泉水分类、含量及作用表

序号	名　称	元素含量（mg/L）	对人体作用
1	锶矿泉水	Sr>0.2	有利于骨骼成长
2	锌矿泉水	Zn>0.2	提高免疫功能、抗衰老
3	锂矿泉水	Li>0.2	对神经有镇静作用
4	溴矿泉水	Br>1	
5	碘矿泉水	I>0.2	防止地甲病为营养元素
6	硒矿泉水	Se0.01 ~ 0.05	改善心血管、抗癌
7	碳酸矿泉水	CO_2>250	促进消化功能
8	硅酸矿泉水	H_2SiO_3>25	防治关节炎及动脉硬化

现在供应人们需要的瓶装水，主要有“天然水”、“纯净水”和“矿泉水”三大类。“天然水”是选用未受污染的河水、湖水、井水、泉水经过一般净化处理加工而成，城市用自来水亦属于此类；“纯净水”是将天然水经过蒸馏或薄膜渗滤等制造而成，我国曾引进美国上万套生产纯净水的设备，可以有效滤掉细菌、微生物和有害物质，但是也滤掉了对人体有益的常量与微量元素，所以许多专家认为这不是理想的饮用水；“矿泉水”应当是采自地层深部，并且未受地层浅部污染，且含微量元素有益组分的天然地下水。

水，对于人类真是太重要、太必要了。血液中的水分达到 90%，心脏器官含水占 80%，肌肉组织含水占 75%，看起来与水无关的骨头中水量也占 22%。人体中，是水起到溶解、分解与运送人体所需要的一切营养物质。人，靠水孕育、靠水成长、靠水生存。所以，注意饮水、科学饮水，确实是不可轻视的事！

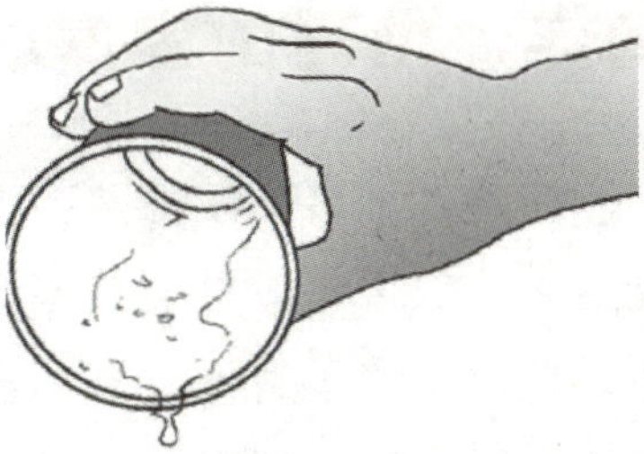

当然，泉水诱人之处，不仅在于它们对人类生存和健康的上述作用，还在于它们具有不同的文化底蕴和千差万别的样式。

“天下第一泉”在哪儿，你知道吗？在北京玉泉山，其水清澈如玉，故名玉泉，清乾隆皇帝御书写出“天下第一泉”，并指定为皇家专用饮水。“宫廷中的饮用水需要天天从西郊玉泉山运来，每天当东方呈现鱼肚白时，一辆辆插有小黄旗的马拉水车便驶出故宫神武门，待到下午酉时，装满泉水的车又缓缓地驶进了神武门”“每天用水车运入宫内80罐”。现在北京，经地质勘察已有85处矿泉水产地，并不断地进入开发阶段。

“天下第二泉”是人们熟知的，那是世界名曲“二泉映月”诞生之地，美丽的无锡名城。中国的名泉相当多，如贵州三潮泉，每日大潮三次，泉水奔腾咆哮、轰轰烈烈，然而退潮后，则是流水潺潺了、细流涓涓；云南蝴蝶泉，每年农历4月，泉边古树开花如蝴蝶，与落在树上的真蝶浑然一体，加上泉池水面上的倒影，相映成趣，使人流连忘返；济南被称为泉城，趵突泉、珍珠泉、黑虎泉、五龙泉等泉市区就有108个。清人王昶的《游珍珠泉记》中描绘：“泉从沙际出，忽聚忽散，忽断忽续，忽急忽缓，日映之，大者为珠，小者为玑，皆自底达于面，瑟瑟然，累累然。”奇妙无比；还有苏州的虎丘泉、杭州的虎跑泉等，数不胜数。而地质工作者在大山大川中，常常遇见各式各样的矿泉，还真引人一番欣赏呢！

海洋，地球的宝库

许多人都喜欢读俄罗斯大诗人普希金的散文诗《渔夫和金鱼》的故事，淳朴而贫寒的老渔夫在大海中钓到一条小金鱼，金鱼说海里有许许多多宝藏，你可以任选三样，不过，请放我回到大海里去……是的，海洋里确实有极其丰富的各类资源，在当今世界人类面临资源危机、能源枯竭之时，地球母亲的大女儿——海洋，真的可以奉献给人类极为宝贵的物产，但是人们必须保护她、爱护她、认识她、了解她，与她友好和谐地相处，才能分享她的财富！

她豢养有 50 万种海洋动物，培育着 10 万种海洋植物。2004 年中央电视台科技频道介绍此数字更高。如果你是一个美食家，一天三餐每餐品尝一样海产品，可以品尝 100 年不重样！海洋生物资源总量高达 2.6 万亿吨，而目前人类仅开发利用 2%，比如：海洋生物中有丰富的人体必需的营养素，有丰富的人体必需的常量元素和微量元素，如钙、铁、锌、钾、碘、磷、镁……海水中的化学资源，被人们比喻为“液体矿山”，也惊人的丰富。那是几千代，几万代也开之不尽、用之不完的“水中矿山”。经分析化验，有各种元素 90 余种。前 20 余种巨型宝贵矿产已列入《海洋中的主要矿产资源表》中，供大家一饱眼福。现在世界各临海国家已大量开发利用的有盐、碘、钾、镁……随着社会发展和科技进步将会有更多的元素被提取供

人类利用。

霞浦风光　于怀光 摄

海洋药物资源也很有特色，堪称人类的药品库与保健品库。中国古代就曾经开发了大量来自海洋的药物，如《本草纲目》里就记载有 90 多味来自海洋的中草药。当今我国药典上已汇总 700 多味来自海洋的中草药。如海马、海龙、海藻、海蛤、海参、海龟……现在人们普遍熟知的海带因含碘率高成为人们制造碘类药品的首选，此外人们还用海藻制碘，用海藻来生产藻酸硫酯钠（PSS）。另外螺旋藻、金牡蛎胶囊等对于缺血性心脑血管疾病与高血黏度综合症均有一定疗效。海洋药物开发很快，如从鲨鱼软骨中提取抗癌药物。羊栖菜含钙、磷、钾、铁以及蛋白质、胡萝卜素等元素和有机物，对降低胆固醇和甲状腺肿大以及治疗胃癌与大肠癌均有较好的效果。目前我国开发的来自海洋的中成药就超过 60 种，而且来自海洋的各种保健品更是层出不穷、种类繁多、五花八门、不计其数。

海洋和陆地矿产同样丰富。如油气资源，我国领海就有石油资源量 260 多亿吨、天然气 10 万亿立方米（我国陆地上石油资源量仅 135 亿吨、天然气 2 万亿立方米，而且已经开发利用了几十年）；海底煤矿，我国海域已发现有蕴藏煤炭

的地层，这是潜在的能源，当具备开采技术条件时就可以开发利用；海滨沙矿，我国已经探明钛铁矿、磷钇矿、铌钽矿、金红石、金刚石、砂金矿等191处，其中大型的35处。

海洋中的主要矿产资源表

名　称	总资源量（kg）	名　称	总资源量（kg）
氯化钠（食盐）	3.77亿亿	钾（K）	550亿
镁盐	7 000万亿	锰（Mn）	150亿
钾盐	1 200万亿	钼（Mo）	150亿
石膏	2 400万亿	铁（Fe）	137亿
重水	244万亿	铝（Al）	127亿
溴素	89万亿	镍（Ni）	90亿
硼酸	36万亿	铜（Cu）	45亿
氩气	8 000亿	铀（U）	40亿
锂(Li)	2 500亿	锡（Sn）	41亿
氟(F)	2 000亿	钒（V）	27亿
铷(Rb)	1 800亿	钛（Ti）	14亿
镁(Mg)	1 767亿	银（Ag）	4亿
碘(I)	820亿	金（Au）	0.15亿
硼(B)	640亿		

空气，地球的面纱

几天不喝水，人也许能挺过去，几十天不见阳光，人也能挨得过去，可是若没有空气，人几分钟就会窒息死亡，所以空气是人最重要的生命要素。空气是地球46亿年前诞生后，经过漫长时期不断分解出的气体，并且用引力把它牢牢地吸在地面四周空间，供万物生长至今。

空气，对于人类的生理代谢起桥梁作用，是物质代谢（饮食）、能量代谢（体温）和气体代谢（氧气）的载体。空气无色、无味、无嗅。其成分主要是：氮（占78.09%）、氧（占20.95%）、氩（占0.93%）、二氧化碳（占0.03%），还有微量的惰性气体、过氧化氢、氮氧化物、水蒸气、臭氧、氢等。空气中的氧含量低于12%时，就可能出现呼吸困难；低于10%时，就会智力模糊；低于7%时就将使心脏停跳危及生命。

空气中二氧化碳浓度可不能过高，如果高至2%就会引起心脏血管扩张、呼吸加快；高至8%时就会引起机体发生障碍，呼吸抑制；超过8%时就会出现意识消失，呼吸麻痹而死亡。所以保持室内空气新鲜非常重要，尤其是在屋内生火炉子取暖、做饭时更需要特别当心。

正常的空气中，气体分子一般呈现为中性状态。当受到外界理化因素（太阳辐射、化学元素等）强烈作用时，会使空气分子电离，产生正离子与负离子。正离子对身体有不利作用，但负离子在一定浓度时有调节中枢神经系统，改善大脑皮层的功能、降低高血压、恢复过速心跳、改善肺部换气、促进组织代谢、增强机体免疫力等良好作用。

来自工业、农业、交通、生活四大方面的废弃物，如碳化物、氮化物、硫化物、氧化剂、苯、汞、放射性气体以及烟尘物等都会给空气造成污染。被污染的空气，通过呼吸道、消化道或皮肤进入人体，就会对人体造成不同程度的危害，所以，我们人人都要关注环境，保护环境，为减少环境污染，消除环境污染出主意、作贡献。

值得一提的是有一种现象：在油气矿田的上方的水面或地表，常常可以测到甲烷（CH_4）微量气体异常；在隐伏硫化矿床上方的地表，常常可以测到硫化气体（SO_2 或 H_2S）以及二氧化碳（CO_2）微量异常；汞矿体或金矿体、铀矿体、锡钼矿体等上方的地表，常常可以测到汞蒸气异常，地质找矿工作者常常用这种气体化学测量方法去进行普查勘探工作。

植物，地球的披风

“人是铁，饭是钢。”“民以食为天，食以粮当先。”“家中有粮，心中不慌。”这些是千百年来人们对粮食重要性的精辟认识。粮食是地球提供给人类绿色植物中的珍品，而绿色植物不断地吸取土壤中的各种元素，在太阳照射中进行光合作用，将无机物合成有机物制成养料，贡献给动物与人类。其实，绿色植物不仅贡献养料，还贡献给人们看不见摸不着的必不可少的东西——氧气！几乎所有的动物与人类都需要吸入氧气呼出二氧化碳，这全靠植物吸收二氧化碳而释放出氧气，才使得空气中保持足够的氧元素，达到生态环境的稳定平衡。地球比起其他星球来，她的伟大、了不起，就在于她能把地球家园搞得生机勃勃、万物和谐。

植物也是生命。它从土壤里与水中吸收其生命必需的主要元素：碳、氮、磷、硫、钾、钙、镁、钠、硅、氧、氢，

第三章 给地球化验

高原雪山 陈爱国 摄

家园 李涛 摄

马赛马拉草原的落日 梁波 摄

罗平风光 喻见林 摄

以及其他一些微量元素铜、锌、钼、硼、铅、铝、锰、硒等。假若环境中缺乏这些元素，植物就会害病甚至枯烂死掉。另一方面，当这些元素浓度超过某一临界水平时，对植物也会产生毒害。如：铝过量时，植物的叶枯根烂；硼过多时，茎节缩变、发育不全；铜过多时，叶生枯斑；铁过多时，茎根细瘦、细胞畸变；锰过多时，茎变红色、叶片畸变……但一个地区一个地段某些微量元素增高，可以显示此处地下可能有相关矿产。

不同的地区，有不同的植物群落。当然，其所含的元素成分也有所不同。于是就出现了所谓“头发可以判断出一个人的出生地、健康状况”等说法。2003 年北京电台科技广播中介绍过这样一则趣闻：从前大侦探家福尔摩斯根据一顶帽子中的一根头发，就奇迹般地判断出那顶帽子主人的全部特征，而现在科学家能让头发说话，告诉你我许多意想不到的人体秘密。拿破仑由于中毒死亡的原因大白于天下，便是一例。由于人的头发是皮肤的延伸，微量元素也渗入其中，所以就可以根据化验分析其微量元素的种类与含量，就可以提供若干对比结论。比如：全球不同地域有不同的头发颜色。亚洲人黑头发，多因含有铜元素和铁元素；其他几大洲有金黄头发的是因含钛元素多；灰头发的是含镍元素多；红棕头发的是因含钴元素和铜元素多；红褐色头发是含铜元素多……当然另外还有遗传因素起作用；再如头发含铁元素低可以预料是贫血症，大量缺钙可能有血管梗死象征，锌元素减少反映身体免疫能力出现障碍等。

动物，地球的生灵

人们都知道生物的食物链是：环境（元素）→植物→动物→人类。这是自然发展的客观规律，也是地球母亲的精心安排和高超杰作。植物食品给人以更多的营养，动物食品给人以更多的力量！有人曾经议论：西方足球群星是长期食肉因素带来的爆发力与持续力吗？这真可能是缘由之一呢。人们需要食物多样性，也确实喜欢食物多样性。

动物，从植物或一些小动物那里获得养料以及一些元素，经过自身分解与化学过程制成了适合人体摄取的养分以及相关元素。动物的肉、蛋、奶成品相当于由动物把植物在体内进行了一次处理与加工，因为动物已经把自然界各种元素合成为有机能量和热量，并且非常容易被人体吸收，所以人食用起来就更容易接受，如此看来，动物确实是人类食物的化学加工厂。

“一杯牛奶强壮一个民族。”这是近年来流行的一句话，大家都很熟悉。我国与世界许多国家一样，已经建有一大批养牛场，许多城镇供奶已经形成网络。除了养牛场之外，还建有相当大规模的一批养鸡场、养猪场、养鸭场。甚至多数已经实现集中和高效的工厂化成批生产。

“最有营养的是没有腿的动物。”这句有点像脑筋急转弯的话，人们一听都能理解，这种动物是鱼类。广告经常说：水中，特别是海水或深海中的鱼类，不仅能健体还能健脑，人食用了会变得更聪明！各国几乎都在内陆或海滨建有形成商品生产规模的养殖场。我国建立养殖场已经有很长的历史，而且现在还引进发达国家的鳗鱼、鲶鱼、鲍鱼等多种鱼类生产工厂。

人类赖以生存的食物与植物、动物紧密相连、密不可分！

仙鹤　李德水 摄

大雁南飞

牛群

鸭群戏水

羊群

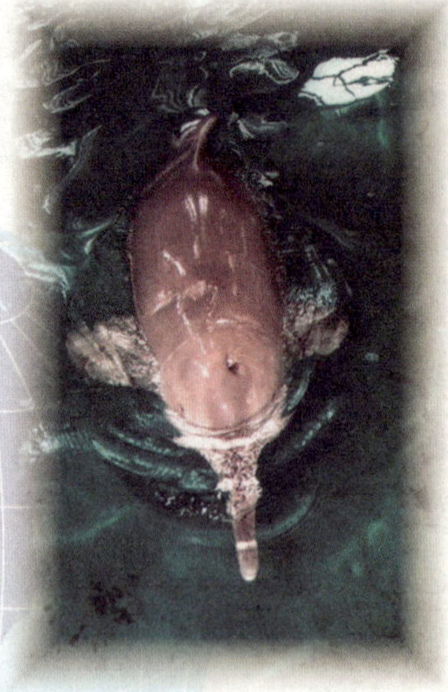

海洋生物

常量元素与微量元素的组分及含量对于人体的影响，与它们对于哺乳动物所起的作用，已经很相似了。特别是医学领域，试验元素与药物，经常选用小白鼠或小兔。如果你对哪种元素的功能感兴趣，就查看一下《人体所需主要微量元素功能表》和《人体中必需微量元素的功能与影响表》吧。

人体所需主要微量元素功能表

序号	元素	符号	功能	含量
1	氧	O	水、有机化合物组成元素	65%
2	碳	C	有机化合物组成元素	18.00%
3	氢	H	水、有机化合物组成元素	10.00%
4	氮	N	有机化合物组成元素	3.00%
5	钙	Ca	骨骼、牙齿的主要成分，神经传递和肌肉收缩	1.50%
6	磷	P	为生物合成与能量代谢所必需	1.00%
7	硫	S	蛋白质的组成，组成铁－硫蛋白质	0.25%
8	钾	K	细胞内的阳离子（K+）	0.20%
9	钠	Na	细胞外的阳离子（Na+）	0.15%
10	氯	Cl	细胞外的阴离子（Cl−）	0.15%
11	镁	Mg	骨骼成分，酶的激活	0.05%

人体中必需微量元素的功能与影响表

元素	符号	功　能	不足的影响	过量的影响
氟	F	骨骼成长所必需	不良骨骼和牙齿	牙齿氟斑、骨骼变形
硅	Si	软骨形成初期所需	影响骨骼和软骨生长	矽肺症
钒	V	促进牙齿矿化坚固	胆固醇降低	呼吸神经受影响
铬	Cr	促进葡萄糖胰岛素作用	角膜不透明	致癌作用
锰	Mn	酶的激活	影响生殖腺、骨变形	神经受损、心肌病
铁	Fe	组成血红蛋白、细胞色素	贫血	糖尿病、铁尘肺
钴	Co	红血球形成	贫血	心力衰竭、甲状腺大
镍	Ni	皮炎、肝脏变化	心肌病变	
铜	Cu	铜蛋白的组成	贫血、头发退色	影响肝功能
锌	Zn	酶活性中心胰岛素组成	侏儒，皮炎，影响生长、智力	对人体有害
硒	Se	与肝功能肌肉代谢有关	肝脏坏死、大骨节病	引发癌症、肝硬化
钼	Mo	氧化酶所必需	降低酶活性	抑制生长、痛风
锡	Sn	生长减弱		
碘	I	甲状腺成分	甲状腺肿、影响智力	中毒

第四章

监测地球灾害

假如你居住的城市出现地裂缝或地面沉降，你担心不担心？假如你的家乡发生滑坡或泥石流，你害怕不害怕？假如你乘坐的火车或汽车，因隧道局部坍塌或涌水而被困受阻，你着急不着急？当然，还有一系列的大地灾变，如：土地湿陷、水土污染、坑道渗漏充水、煤层自燃、砂土液化、地面塌陷、水土流失、岩体崩坍、爆发火山、突发地震、引发海啸……

这些都不是危言耸听的传说，而是每年都有所发生的事实。地球母亲有恙，将会殃及儿女。我们应该加倍地关心我们的地球母亲，要经常为地球母亲做健康监测。正像人们总要定期或不定期地去做体检，而且要用最现代化的科学与技术，要用最先进的方法与手段。这就是地球物理、地球化学、地质遥感、地质工程等综合性和系统性的地质勘察。

“上管天、下管地、中间管空气。”这是中国科学院一位院士在介绍地球物理（地球化学、遥感技术）的研究对象和应用对象时，所做的形象和生动的比喻。那么，具体怎么个管法？又管哪些方面呢？

“上管天”，是指对地球的外层空间至太空情况的探视和监测。如宇宙线对地球和人类的影响；陨石与流星或小行星撞入地球带来的伤害；“太阳风”与地球磁场的作用以及与我们生活的关系（可直接导致手机通信受到强烈干扰甚至中断）；还有跟踪卫星和航天器的运行等……

“下管地”，是指对地球浅层以至深部的固体与液体圈层之成分、结构变化情况的探测和监测。包括本节开头一段所讲的各类自然灾害以及地质灾害所应该进行的观测和预报……

“中间管空气”，是指对地球地表以上的大气层的物理（化学）变化情况的探测和监测。如气象的系列观测：包括飓风、台风、龙卷风、沙尘暴的源头以及运行路线；大雨、暴雨、酸雨、冰雹的形成和分布范围；“温室效应”、“臭氧空洞”等许多方面的各种气体测量……

“祸兮福所倚，福兮祸所伏。”这句千古名言出自于《老子》一书。名言中的祸与福之间是对立与转化的辩证关系。我们关注地球，保护地球，保护人类，就要在平安、顺利的时候，考虑自然规律，构建和谐、友好型社会，预防灾害，减少灾害，甚至化害为利，使得我们人类长久平安，实现可持续发展。善待地球，就是善待我们自己，同时也为子孙后代留下美好的生存和发展空间。

地裂缝

请你先看看右面的一张照片吧，可以想象一下，这楼房的住户该是何等的意想不到，好好的一栋楼，竟突然间在地面开裂出一个大裂缝，这恐怖的一幕是什么原因造成的呢？带着疑惑与无奈的人们只好去找新的住处去了！这种情况，

地裂缝

许多国家都出现过。我国许多地方都曾发生，仅据河北、河南、陕西、山西、山东、江苏、安徽等省的不完全统计，就有200余市县发生地裂缝746处。其中以西安较为典型和突出，城区与郊区就有10条很可观的明显的地裂缝，最长达10千米，分布范围达150平方千米，地裂缝的方向多为北偏东，每条裂缝影响带宽度3～8米，曾有132栋楼房受损，1057间平房被破坏，主要道路60处被毁，相应的地下管线被切断……

凡事都有起因，那么，地裂缝是怎样引起的呢？经过多年的地质调查和专家们的研究终于搞清楚了：原来是地面表土覆盖层之下基底的岩石有断裂活动，而且由于过量地开采地下水，引起盖层的沉降，这就大大加剧和加速了地裂缝的发生。除此以外，有的地方还可由地震活动引起地裂缝，或者由地下水潜蚀、冲刷、泥质土体受压变形等都能引起地裂缝的发生。

对地裂缝应当给以监测，主要方法是使用物理勘查，用仪器进行定期测量，如利用高精度电测方法（包括音频大地电场法）对浮土与基石地质构造变化监控观测，能收到较好的效果；再如利用高分辨率浅层地震波法，依据地震剖面图上反射层面的错断或缺失情

河南西平李湾地裂缝

况，分析推断第四纪松散层中的断层分布特征，亦为地裂缝的情况提供出较有价值的资料；另外也应用地裂缝位移常规观测方法作追踪式观测，都是有一定作用的。目前是采取调控过量开采地下水、科学限量开采地下矿产、合理的灌溉或回灌及蓄水等方法以减少、减轻地裂缝的发生。

20世纪末，我国由于地裂缝引起的各类建筑物损坏、机器停转、道路变形、管道破漏、堤坝开裂等，造成经济损失高达91.3亿元，已经成为我国各种灾害中不可轻视的一种独立灾项。目前，在防治方法研究方面也取得了许多经验，如：为使地基和路基牢固，采用换土法将松软土质去除干净；采用强夯挤淤法使基础坚实；采用裂缝置换法，即在大型建筑物旁侧开挖一条保护性堑壕，使之成为一条“人造地裂”，从而切断将产生自然地裂与建筑物的联系，达到防灾与减灾效果……

滑坡、崩塌、泥石流

如果有人问：“你知道电视里，什么节目收视率最高？”你能回答出来吗？一定有人说：“那是全国新闻联播后的气象预报节目。”对！可喜的是从2003年开始，在天气预报节目中，又增加了地质灾害预报。这既是全国观众逐步了解、学习、关心地质知识的大事，更是相当多的省、市、区老百姓直接关心的几乎是生死攸关的大事。

在地质灾害中，引起伤亡与损失比较惊人的，应属崩塌、滑坡、泥石流，被人们称为孪生三姐妹，它们有着无法分割的密切关系。而且它们都受恶劣天气，特别是大雨与大水的制约和影响。

先讲讲危害吧！这里只介绍几个例子。云南省禄劝地区

汶川地震废墟

1965年发生一次大滑坡，滑坡总的岩土石为3.9亿立方米，短时间移动地面5～6千米，这可相当于城市内公共汽车10站地的距离啊！滑坡体在河谷中堆积成长1 100米、高167米（相当于50层楼的高度）、面积为2.2平方千米的拦河巨坝，5个村庄被毁、死亡444人（科学知识丛书《山》中提出死亡651人），8个月后，由于巨坝的部分崩塌溃决，又引起一次大泥石流，大量石块被推向著名的金沙江，形成了险滩。

滑坡对于铁路、公路的危害也是让人触目惊心的。如成昆铁路的四川省铁西车站，1980年发生一次大滑坡，滑坡体滑动过来掩埋了铁轨路基、涵洞与隧道进出口。滑坡体厚达14米，体积为220万立方米，压坏铁路160米，铁路中断行车40天，你那时要想从成都去昆明可就有大麻烦了。你想想，能不造成严重的经济损失吗？

湖北省远安一个磷矿区，1980年发生一场巨大的岩石

滑坡造成铁轨破坏，列车颠覆

泥石流将列车推翻

崩塌（也称山崩），标高830米的鹰嘴崖地区，部分山体从700米标高处俯冲到500米标高的平川上，乱石块覆盖高达30米，南北长560米，东西宽400米，崩塌堆积体积达872万立方米。顷刻间，一座五层大楼被掀倒、掩埋，307人死亡，矿区设备财产俱损。这又是一个多么惨重的事件啊。

我国西南地区、西北地区、东南地区、中南地区、华北某些地区，皆出现过此类地质灾害。这些灾害有时很频繁，如1981年7月至9月，四川遭受特大暴雨袭击，18个地、市、州的90多个县竟发生6万处滑坡与崩塌；1981年秋天，陕西随着一场洪涝之后引发的滑坡与泥石流竟有2万余处，摧毁房屋1.6万间；造成的灾害损失历年来巨大，大量田地被毁、电站被冲、城镇被埋、列车被颠覆等。

出现这些地质灾害的原因是地球遭受太多的暴雨、洪涝、地震活动、山林缺损、水土流失、过度采掘、开挖不当、水库渗漏、机械强震等。

现在，我们对这些地质灾害已加强预防和治理。首先是加强监测预报。可采用地表勘查、动态观测、利用放射同位素方法探查深部地层位移量（如用钴60，置放于不同深度的有关地层中，然后在地表接收、了解它的位移情况），利用电阻丝片方法测定深部缝隙张裂情况（在钻孔中放入贴有很多电阻丝片的灵敏度较高的探头，在地面上用应变仪测定），用钻孔水位与水温检测分析法、直流与交流电法、无线电波透视法、地质雷达方法等，分析张裂速率及程度，并且结合气象降雨（引起润滑和位移趋势）进行实时预报。

进一步则需要加强防治：如采取多植树造林、防水土流失、修支挡护墙、补镶岩石裂缝、合理施工、避机械振动、禁乱砍滥伐等等。简而言之，我们要与大自然和平共处，不要自找大自然报复。

城市地面下沉

地面下沉成坑

"哪一位听说过北京地面每年都在下沉吗？请举一下手。"大家惊异地互相看看，眼神里画出一个大问号，还有人自言自语："地面下沉？！"这是两年前在社区举行科普讲座时出现过的一幕。这件事使我感悟到：地球科学、地质知识太需要向公众传播了！应该广而告之！

"外国的大城市地面下沉的实例，不胜枚举。现在我还是主要说说我国上海、天津、西安、太原以及北京等地的地面下沉情况吧！"

上海：实际上，从1921年就有所发现，到1965年地面累计下沉已达263厘米，影响范围达400平方千米，1966～1987年经过综合治理，使地面下沉速度减缓，减少下沉3.67厘米。

天津：1959～1982年地面下沉累计215厘米，1982年测得市区平均降速为9.4厘米，影响面积已经达到900平方千米，后来也采取了综合措施给予治理。

西安：1959年就发现地面下沉，1972～1983年地面下沉累计77.7厘米，到1988年地面下沉最多的地区已经达到134厘米，年下沉量

地面下沉塌陷

10.0 厘米，所波及的地区达 200 平方千米，这个城市也及时进行了治理工作。

北京：20 世纪 70 年代后期至 80 年代初期，地面下沉速度较快，年平均下降 8.0 厘米，1981 年多达 8.1 厘米。后来经过采取措施进行控制与治理，如减少地下水开采量，使地下水位下降速率减缓，1983 ~ 1987 年地面下沉仅为 2.6 厘米，现在地面下沉的范围总面积超过 600 平方千米，已经波及北京郊区。

太原：1979 年、1980 年、1982 年先后三次在市区 600 平方千米范围内进行测量，发现地面下沉大于 20.0 厘米的面积达 254 平方千米，下沉大于 100.0 厘米的面积达 7.1 平方千米。有关部门也采取措施综合治理。

此外宁波、常州、苏州、无锡、嘉兴、杭州以及台湾的一些市县，也出现了不同程度的地面下沉现象。

地面下沉的地质专业术语称为地面沉降。导致地面下沉的主要原因是人类工程经济活动过于频繁，如大面积过量开采地下水、开采油气、开采矿藏；再如大面积的巨重建筑物对于地下岩石层施加超负荷载，所以地面下沉多发生于人口高度聚居的大城市，并且是大范围的，同时也为缓慢变化的人为地质灾害埋下隐患。

地面下沉可以引发一些次生灾害，沿海城市引起海水入侵、海水倒灌，内陆城市引起地面不均匀沉降、产生局部塌陷、地裂缝等，从而损坏建筑物、损坏城市地下管网设施等。

地面下沉多采用常规的高程水准测量进行监测，以及采用以物理电磁原理为探测方法的全球卫星观测定位系统，简称为 GPS 设备，可以实施全天候、全时空的动态监测。现在主要采取合理开采地下水、调整开采层次以及科学回灌等方法控制地面沉降。在这些方面，各个城市都已经做出了显著的成效。

沙尘暴、台风

有个地质队购置一辆新的越野车，第一次到野外去进行地质矿产调查，竟遭遇一场狂烈的沙尘暴，车窗全成了“毛玻璃”，车体成了没有喷漆的铁壳子，好在地质队员算是躲过了这场劫难。当然，沙尘暴带来的灾害比这个事件要大得多、广得多、严重得多！

怎样才能准确、快速、全面地监测沙尘暴的来龙去脉呢？要完成这项任务，非高空遥感莫属。利用遥感技术观察沙尘暴的起源、路径、范围、形态等，便可以为种植、防治、预报等提供重要依据。

遥感在气象中的应用是多方面的：如过去不能确切地知道何时、何地刮台风，谈不上可以准确地预报，而卫星遥感技术诞生后，对台风的形成、途径、强度、位置可以做出较好的监测。有一次，在广东汕头登陆的“8607 号”台风，由于预报及时、预防到位而减少损失达十多亿元；再如有一年长江上游面临强烈降雨形势，荆州要不要分洪的问题，国务院依据卫星遥感资料配合气象分析做出的《长江上游天气发展情况》，果断做出不分洪的决策，避免了蓄洪区 60 万亩

凶猛的沙尘暴

沙尘暴影响人们出行

沙尘暴监测图

台风袭来的巨浪

台风的形成

农田被淹和40万人的紧急搬迁，为国家避免了约6亿元的经济损失；其他如监测干旱、火灾、冷害、洪涝、冰雹、雪暴等许多方面，遥感技术都可大显身手。

湖泊退缩

这里曾碧波荡漾、这里曾浪花飞溅、这里曾空气湿润、这里曾汪洋一片、这里曾水鸟成群、这里曾绿水蓝天……这是对当年新疆艾比湖的写照。然而根据航空遥感影像照片对比，20世纪80年代的艾比湖却比50年代缩小了一半，而50年代湖面又比古代记叙的小一多半。

新疆艾比湖是中国独一无二的特殊湖：它是“国门湖”（位于祖国西大门）；它是“桥头湖”（与欧亚大陆桥的中国西桥头堡相依）；它是“护卫湖”（为北疆绿洲前沿抗风屏障，此湖处于著名的阿拉山山口主风道之端）。艾比湖的命运关系到具有5万平方千米的本区经济是否可持续发展，也关系到该区域的生态环境状况。因此，综合治理，迫在眉睫。而遥感技术应用，为研究和治理工作提供了基础资料。

同时，当地政府多年来组织专家们分析了多年遥感成果，揭示演变规律，做出了治理决策和具体规划，数年过去，现在已经基本控制了艾比湖生态的恶性发展趋势。

用 20 世纪 50 年代至 80 年代系列航空遥感影像做动态对比，反映出新疆、甘肃等地区各水系下游湖泊、沼泽等湿地的面积急剧缩小，甚至消失，沙漠向绿洲入侵。河西走廊“古羊河”下游的猪野泽已无影无踪，民勤地区 90 万亩耕地已有三分之一沦为沙漠。黑河下游内蒙古的额济纳旗几十平方千米面积灌木已断代，居延泽湖面亦近消失，生态恶化严重。国家组织专家考察，提出了科学合理地利用黑河水资源的措施与计划。

遥感技术用于大地环境方面，不仅可以动态监测水体变化，包括湖泊的退缩消失、水库的兴修扩建，水质的成分、矿化度、水温定性分析等，还可以监测植被变化、耕地变化、河流与海洋的污染变化、土壤湿度变化……

江西南昌地区，利用卫星遥感图像，辨别出古河道，残存湖泊，研究探索出赣江、抚河两次由西向东改道迁移情况，显示出南昌地区存在西部隆升、东部下降之变化，进而说明了本区有新构造运动影响，并对可能引起的河岸崩塌等地质灾害提出报告，政府有关部门已给予重视，制定了河湖治理措施，经工程施工，使地质灾害，河湖岸崩隐患得到了及时的预防。

水土环境污染

清华大学一个学生突然发病，病情不轻，没查出病因而无法医治，情况十分紧急，北京大学两位同学急中生智，上互联网求助吧！于是实践起来，别说，还真顺。许多国内外

医生主动来仔细了解病情、询问症状，经诊断为金属元素铊中毒，于是立即抢救，终于使该生脱离危险并治愈！这就是互联网初建之后所发生的轰动大学校园乃至全国的一件头条新闻。

以铊为例，铊是人体非必需元素（只是现在的认识）。铊经过饮食、接触、飘尘等途径摄入人体，也可以随排泄而排出一部分。尿液中铊含量在非污染区小于 5 微克 / 升，轻污染区为 5 ~ 500 微克 / 升，重污染区为大于 500 微克 / 升。在污染区有中毒表现时，是很严重的。如南方某村 40 年来有 400 人铊中毒，数十人严重失明，6 人死亡。土壤中的铊含量高，还可引起食道癌、肺癌、大肠癌等多种疾病。铊主要产于硫化物矿石中，以微量元素形式出现，工业提炼铊是因为铊在光导纤维、光学透视、超导材料、辐射屏蔽等材料中有应用价值。

2004 年第二季度，中央电视台播映出“癌症村之谜”，讲到西北某地 1997 年至 2003 年这 7 年来，没有出生过一个小孩，村里的人们走的走，逃的逃。经一位地质专家调查及化验，该村居民头发中的铅、砷含量严重超标，这说明村里土壤已经遭受严重污染。该地区人们是“谈癌色变”，只有找到根源，进行预防与治理，才能战胜这场灾难。

污染源，一般来自工业“三废”，如造纸、炼焦、电镀、纺织、印染、制革、采矿、化学、冶金、塑料、制药、橡胶、化肥、农药、化纤、炼油、皮毛、电池、制碱、核材料等企业工厂排放的未经环保处理的“废气、废液、废物”，以及未经环保清理的生活垃圾和农场垃圾，都是严重的水土污染源！

以前想监测污染元素，因无适当仪器方法而难以实现，如今地球化学分析和物理仪器分析技术发展迅速，许多高分

污水处理厂

污水处理厂的污水处理过程

垃圾处理厂车间

垃圾处理厂

餐厨垃圾变成无害有机肥料

辨率、高灵敏度、高检出率的仪器设备与技术方法都已广泛应用，可以做到及时查验、及时控制，并可采取措施及时处理。

处理污水有一系列方法可以采用，如沉淀、过滤、吸附、中和、电解、电渗析、电渗透、离心分离、氧化还原、离子交换等；处理废物也有一系列方法可以采用，如压实技术、破碎技术、分选技术（重力分选、磁力分选、浮选等）、脱水技术、固化技术、焚烧技术、化学分解、热分解、微生物分解、卫生填埋装置、深部储藏（如核废料）……

人类创造了物质文明，但是千万不要让物质文明威胁地球母亲的健康，进而威胁人类自身的生存。如果人人都来关注环保，监视你周围一切违反环保的行为，杜绝一切破坏环保的生产活动，养成环保意识如同每日喝水吃饭一般，那么我们的生存环境就会不断得到改善，地球就会永远美丽：水更清，地更绿，天更蓝，山川永远秀美，地球永远是我们最可爱的家园！

气体环境污染

请您回答一下，您每天在室内呆的时间长还是在室外呆的时间长？有人估算，人的一生中有 70% 或 80% 的时间是在房间里度过的。可见室内环境，特别是包围我们全身、分分秒秒都必须呼吸着的气体环境，对于我们是何等的紧密和重要啊！美国科研人员对 600 户家庭检测结果发现，有害的化学成分比室外高出 7 倍以上。其实我们也会有所感觉，一般早晨起来，一走出房门，总会有一种爽身轻松的感觉，你会不由自主地说：“室外的空气真好！”当然，室内小环境与室外大环境的气体污染都需要关注，在此我们先来说一说室内吧！

雾霾灾害

不是一次，也不是一种报刊新闻报道：家庭装修中，因为使用非环保材料，空气中所散发出来的醛、苯、氡等有害气体导致居民发病甚至患上癌症。

北京电视台2003年12月与2004年4月都先后反映：一位李先生新买了一辆小汽车，妻子驾驶2个月后，突然病死。经过化验，病因是造血系统受到破坏，罪魁祸首原来是汽车车厢内的苯含量相当高，甚至在人死后检测的车内苯含量还达0.18毫克呢！严重超标，而按国家居室要求苯含量标准应该低于0.11毫克。

交通污染

厂矿污染

家居的房间内，人们会呼出二氧化碳气体；炉灶燃烧时会放出一氧化碳气体，还混有硫化物、

环境污染治理后的花园矿山

氮化物和碳氢化合物等有害气体；再有炒菜的油烟和香烟的烟雾，都含有致癌因素；另外使用消毒剂、杀虫剂、蚊香等也是家庭化学污染物的来源；做饭菜时，产生的垃圾，如不及时处理掉，也会产生腐烂变质的有害气体；家庭装修使用非“绿色”建筑材料、油漆材料会产生室内污染。还有，室内空气比室外更容易含有微生物和悬浮颗粒物，包括常说的各种球菌、杆菌之类。

近些年，随着经济的发展、生活的改善，空调的安装，出现一种“空调病”，医学上称为“不良建筑综合征”(SBS)，表现为头痛、疲乏、黏膜或皮肤发炎、上呼吸道感染、精神萎靡不振等，其实就是室内封闭、新鲜空气不流通、空调温度调整不适当等因素所致。

减少污染最适用的方法就是切断污染源，经常开窗，垃圾随时清理，保持室内卫生，使用环保物品，安装排烟换气设备等。必要时（特别是新装修的房屋），可以使用相关仪器进行检测，确定室内气体、物体污染物不超标后再居住。为了使你有一个数据概念，你可以浏览一下《室内空气污染物浓度要求简表》。

室内空气污染物浓度要求简表

序号	污染物	浓度要求
1	一氧化碳 (CO)	1 ~ 100mg/m^3
2	二氧化氮 (NO_2)	0.05 ~ 1mg/m^3
3	二氧化硫 (SO_2)	0.02 ~ 1mg/m^3
4	二氧化碳 (CO_2)	600 ~ 900mg/m^3
5	臭氧 (O_3)	0.04 ~ 0.4mg/m^3
6	甲醛 (HCHO)	0.05 ~ 2mg/m^3
7	苯化合物	1 ~ 80ng/m^3
8	氡及其子体	10 ~ 3000Bg/m^3
9	氨 (NH_3)	0.2 ~ 0.5mg/m^3
10	可吸入粒子	0.05 ~ 0.7mg/m^3

隐形环境污染

人类环境包括自然环境和社会环境。而自然环境一般指的多为空气、岩石、水域三大部分，或更全面一些则具体称做：大气圈、岩石层、土壤层、水体层、生物圈五个自然圈层。《中华人民共和国环境保护法》中规定："本法所称环境是指：大气、水、土地、矿藏、森林、草原、野生动物、野生植物、水生生物、名胜古迹、风景游览区、温泉、疗养区、自然保护区、生活居住区等。"

上述环境与环境保护都是人类的感官能感觉到的实体，其所遭受的污染或破坏也基本能使人看得见、听得到、嗅得出、摸得着，暂且称作"显形环境污染"吧！可是另外有一些超越人们感官，是人们看不见、听不到、嗅不出、摸不着的一些环境污染或破坏，如电磁环境、放射环境、次声波环境及其污染与伤害，容易被人忽略，在此专门叙述一下，姑且称为“隐形环境污染”吧！

21世纪初，《人民日报》登载出一条科技消息：欧洲的“国中国”梵蒂冈地区位于罗马城西北郊外，其广播电台发射天线周围2千米区域内儿童白血病发病率比罗马城内高出6.06倍，在2千米至4千米区域圈内高达2.3倍，在4千米至6千米区域圈内高达1.88倍，在6千米至10千米区域圈内没有发现白血病。广播电台发射天线的强度为17.8伏特/米，而意大利1998年第381号法令规定发射装置的电场辐射国家标准为6伏特/米，两者电场辐射强度相差将近3倍，导致高电磁辐射地区居民患上白血病的可怕事实！此事件说明：隐形环境中的电磁环境不容人们轻视，其电磁环境污染将给人们带来意想不到的伤害！

手机的电磁辐射使人体致癌有所争论，但是对比较敏感的人群可以引起紧张、头疼、失眠、多梦，导致内分泌失调、扰乱心血管功能等等，却是不争的事实。家用电器中的微波炉、电视机、电风扇、收音机、电冰箱、洗衣机、计算机以及各种医学理疗机等都会发出电磁振荡，给人的身体造成一定影响，应该遵照使用说明书的要求正确使用。为预防和消除电磁对人体的伤害，家用电器要远离卧室，不要长时间使用，与人要保持一定的距离，要经常开窗通风换气，及时消除电子烟雾。

你知道那个震惊世界的事件吗？苏联切尔诺贝利核电站4号机组于1986年4月26日爆炸，火焰高达30多米，空军及时出动，机群投下5 000多吨含铅与含硼的沙袋，才封锁住核反应堆。造成31人死亡，13.5万人被撤离。造成放射性环境

手机的电磁辐射

电磁炉的电磁辐射

计算机的电磁辐射

微波炉

电视机的电磁辐射

电风扇

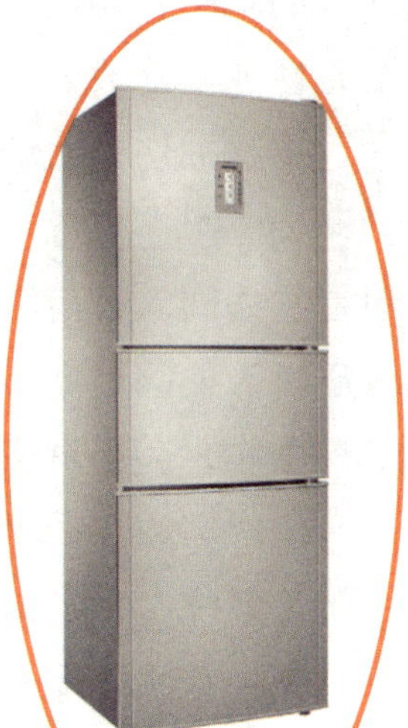

电冰箱的电磁辐射

洗衣机的电磁辐射

污染的严重地区有5 000多个居民点、6万栋住宅，还有其他建筑物以及大片的森林和土地。事故发生后的第二天与第三天，天公不作美，偏偏刮起了东南风，芬兰、瑞典、丹麦、波兰等首当其冲受到放射性危害，接下来几天又刮起了西北风，放射性烟云又弥漫了欧洲南部。从影响范围来看，这是核电站发电史上最严重的事故，被称为切尔诺贝利悲剧！

放射性能引起物质（包括人体）产生电离效应，比微波与无线电等普通电磁波的伤害要严重得多。所以，我们对放射性环境及放射性污染应有所了解。几年前，有关部门曾经报道几次关于放射源的材料埋放不当，被人捡拾而受到伤害的事实。如山西某地有关工作人员，将用过的伽马射线源容器装置埋于一个浅井中，因为其容器装置精美小巧，被一个农民偶然挖到后拿回自己家中，不久其家中发生连续死亡多口的惨剧。除此以外，新建房屋要避开铀和油气等矿区，避开各种断裂构造，不在含氡元素的土壤上或花岗岩地区建立民宅。同时房屋装修时，不要用含放射性高的花岗岩等建筑材料装修，以免在隐形放射性环境中患上急性或慢性放射性污染病（如几年或几十年后出现的出血症、皮肤损伤、血液病、各种癌症等）。

次声波虽然是人类听不到的声音，但是它如同人耳可以听到的声波、噪音一样，同样给人们带来危害。如同最低沉的（人耳差点没有分辨出来）闷雷、原子弹爆炸、甚至重型机械的振动……都可以激起气流低频振荡产生次声波。如果处于这种次声波环境及其污染中，人的心血管系统、神经系统、消化系统都会受到影响。根据科学家研究：有些陆地上的动物如狼狗和大象，特别是海洋中的哺乳动物鲸，有特殊的听觉系统，能听取几十千米或高达几百千米以外的次声波信息。鲸的音域也很宽、延续的时间也很长，某些鲸的发音

美妙动听，故有“海中歌星”之称，海洋学家称赞它们为海洋生物中最优美的语言大师。

核电站发生核泄漏

有些学者将环境分为宏观环境和局部环境；有些管理者将环境分为大环境和小环境；有些气象学者将环境分为大气候和小气候；有些环保人士将环境分为农村环境和城市环境；老百姓则把环境分为社区环境和家庭环境等。我们在追求显形环境要自然、和谐与清洁的同时，也绝不可忽视或轻视隐形环境的优良与安全。

地震及海啸

美国一位总统在一次演讲中曾说：“美国学生在中国学习，有广阔天地，他们向中国学习如何监测和预报地震。”美国一位副总统在一次演讲中也曾说：“我的希望是在中国人帮助下扩大自己的视野。在从治疗烧伤到地震预报等一些关键的领域中，中国的研究人员都是领先的。”美国总统一位科技顾问也讲到：“中国在地震预报方面的经验比其他国家都要丰富。因此，有许多东西我们要向中国学习。”

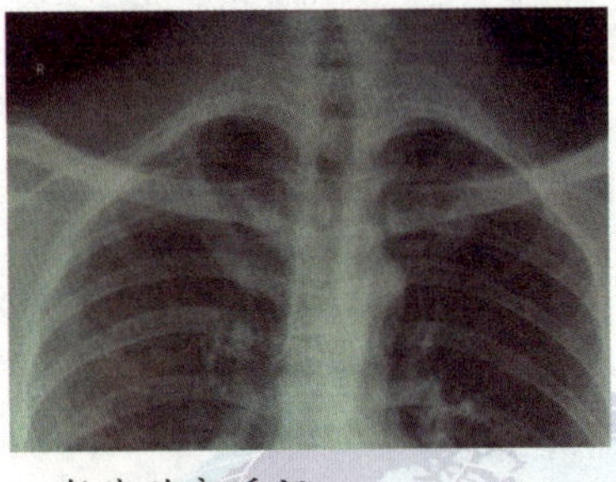

X 射线胸部透视

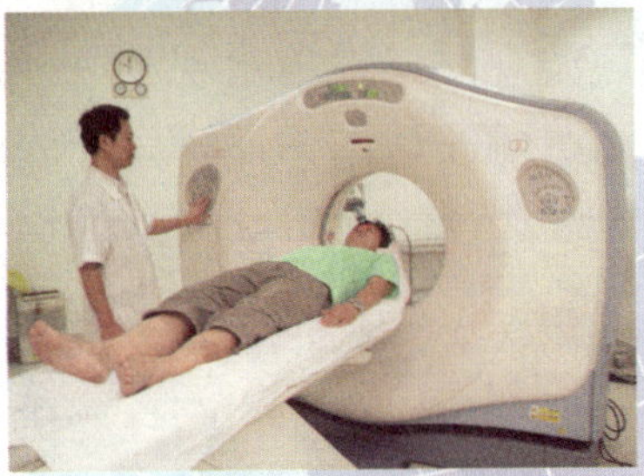

人体 CT 扫描

他们所赞颂、佩服和要求学习的地震监测和预报，是指对辽宁海城地区大地震的成功报警。那是 1975 年 2 月 4 日 9 点 30 分提出可能发生大地震的预报意见，10 点 30 分政府部门发出防震的预警通知，19 点 36 分当 7.3 级破坏性大地震发生时，群众已经做好了疏散、迁移或躲避工作，从而挽救了数以十万计的人民生命。

海城这次成功的地震监测和预报以及适时地发出预警告示，是人类科学技术史上的第一次，也是人类在预防地震灾害面前，由被动转向主动之路上迈开的重要一步。

那么，地震监测是怎样进行的呢？仍以海城为例：

长期监测阶段：探索三年以上的地震发生的可能性。如在辽南地区 1970 ~ 1973 年，对地震监测分析，认识到本区处于太平洋板块、西伯利亚板块、华北板块之结合部位，有一条被称为“郯庐深大断裂”的构造，是可能孕育地震活动的因素。所以布设的地震台站，需要坚持长期观测。

中期监测阶段：探索一二年内地震活动危险区带的分布。如辽南地区 1973 ~ 1974 年，通过对营口、金州、大连等地的监测数据分析表明，本区处于将产生破坏性地震几率甚高的地区。

短期监测阶段：对数个月内的地震活动的跟踪监测与分析。如辽南地区 1974 年 11 月 ~ 1975 年 1 月，发现丹东、本溪、金州等地出现大量宏观地震异常（地磁观测、重力观测、地震波观测、地下水观测、地形变观测等），经综合判断，地震监测即将由短期阶段转向临震监测阶段。

临震监测阶段：对数周内即将发生的地震进行监测与分析跟踪。如辽南地区 1975 年 1 月下旬至 2 月初，多参数综合异常急剧增加，而且变化幅度相当大，同时有相当集中的前震出现。2 月 1 日至 3 日地磁、地电、地倾斜、地下水中

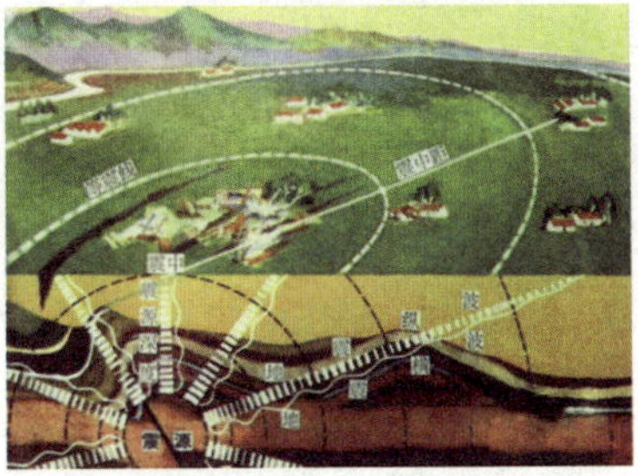

地震构造示意图

放射性氡气等地球物理与地球化学异常跳跃式陡增，并且出现井水冒泡、变浑、有味，甚至出现大量生物活动异常，如冬眠的蛇惊爬出洞而又冻僵，家畜与公园里的老虎、猴子等都烦躁不安。这些现象为临震预报以及政府报警提供出依据和决心。

大地震是由地壳岩石圈内部的局部受力而产生断裂构造运动而引起震动，必然出现前兆，如同一段粗硕的树枝由弯曲至折断之前，总要咯吱咯吱作响，而断裂时则发出较大的咔嚓咔嚓声音一样，地震前兆，除了振动波可以测量之外，还有一系列其他物理（化学）现象可以观测，如地磁、地电、地声、地光、地下水变化等。

地震引起地面的振动，给人的感受一般是先上下颠簸（垂直运动），然后是左右摇晃（水平运动）。前者称为纵波（也叫 P 波），其运动方式就像大蚯蚓爬行时一样，身子一伸一缩般地前进，在地壳上的传播速度是每秒 5 ~ 6 千米；后者称为横波（也称 S 波），其运动方式就像石头落入湖中一样，水面掀起一圈一圈的波纹，在地壳上的传播速度是每秒 3 ~ 4

凶猛的海啸

地震海啸之后

千米。由于两者传播速度不同，因此先感受上下跳动的纵波，后感受水平摇晃的横波，其间有个时间间隔。凭借这个时间间隔的长短，就可以估计震源的远近。间隔时间长，表明距离震源较远；间隔时间短，表明距离震源较近。如果粗略地测算，可以用这个时间间隔的秒数乘上每秒 8 千米，便可以估计出你所在位置距离震源的距离。比如：某一地区发生地震时，北京地面感觉到的上下运动到水平运动的间隔时 20 秒，立即就可以判断出地震发生在距离北京 160 千米远的地区（唐山地震时就是如此）。知道地震发生的远近，就可以选择相应的适当防御或躲避措施。

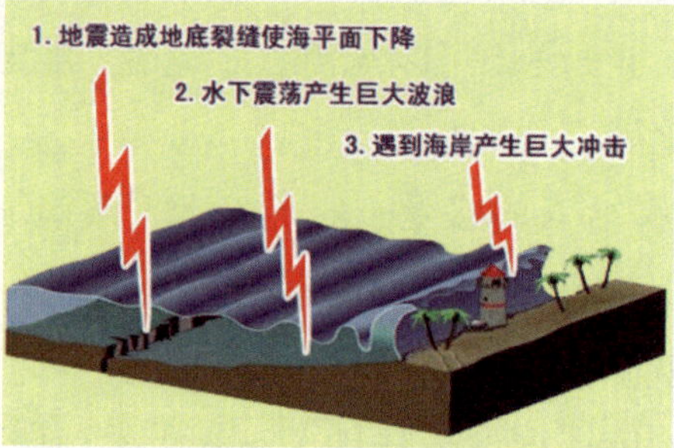

引发海啸示意图

如果大地震发生在海洋底部，有些会引起大海啸。正像巨大石块掉进河湖之中，水体产生剧烈振荡一样，海底地震的波浪在海洋里不断扩大向远处传播，波长可以达到几十至几百千米，周期 2 ~ 200 分钟，速度每小时最快可达 800 千米，相当于喷气客机的速度，而波浪高 10 余米甚至 20 余米，像一面墙一样向前推进。

1960 年 5 月 23 日，智利海边发生的大地震，引发的大海啸 24 小时就传到了日本，浪高有 3 米，沉船 109 艘，伤亡数百人，而在中途夏威夷，海啸将 10 余吨重的玄武岩块抛出到百米以外。

2004 年 12 月 26 日，印度尼西亚附近海底发生大地震，中国地震观测为 8.7 级，美国观测为 8.9 级，相当于 3 000 ~ 6 000 颗原子弹爆炸的能量，引发的大海啸造成印度洋沿岸10余个国家重大损失，夺去约30万人的生命。

现在，太平洋沿岸有12个国家的50余个地震台站对海洋地震和海啸进行监测，能做出及时预报。印度洋地区，今后也必然受到重视。

海啸冲岸要比海底地震晚出现数十分钟至数个小时，因此海啸的报警和逃避是有机会的，而且许多动物反映要比人敏感，电视和广播中曾介绍过印度洋大海啸，周边国家的动物几乎不见伤亡，都能事先凭各种不同的敏锐感觉迅速逃脱。

《大众科技报》曾有文章报道，2004年12月26日黎明，当印尼苏门答腊发生大地震之际，泰国寇立地区海边的大象开始“兴奋”地鸣叫起来。虽然不久恢复了平静，但约一小时后再次鸣叫起来，并且向与海岸相反方向的高坡奔去，乘坐大象脊背的游客也因此幸运地逃过了海啸的灾难。那么大象为何知道海啸的来临呢？

据《每日新闻》报道，日本芝璞工业大学的芝山秀雄教授表示：海啸发出了人类听不到的低频率的声音，人类只能听到频率为20～20 000赫兹的声音，但是大象能够发出低于20赫兹的声音并与大约10千米以外的其他大象群交谈。当芝山秀雄教授在公园对大象的声音进行测定时，还测到8～12赫兹极低频率的声音。他说：“大象能够听到的声音频率比它发出的频率范围还要大，所以大象能够听到相当低的声音。”同时，他还指出，大象还可以事先感受到地面的震动和空气的搅动，之后再听到海啸的声音，于是本能地惊慌失措地跑向高处逃生。

气象等其他自然灾害

自然灾害中，除地震灾害和地质灾害之外，对人类生存影响大的还有大风灾害、台风灾害、龙卷风灾害、暴雨灾害、雷电灾害、冰雹灾害、洪水灾害、干旱灾害、大雪灾害等自然灾害，上述灾害都可以用地球物理科学进行监测和预报，在此给予简介。

地球物理科学用于灾害监测和预报的技术方法有：电磁技术、遥感技术、测温技术、湿度与风力观测技术、雷达和红外探测技术等多种。使用的仪器装置有无线电探空仪、气象火箭、气象卫星、探空气球、测风系统、电子测温等多种现代科学设备。经各观测台、观测站或观测点的观测之后，数据传输至信息中心进行分析演算，便可对各种灾害天气进行预报和预警。使各位公民尽早进行预防和抗灾。

大风

风速为 17.2 ~ 20.7 米 / 秒称做 8 级大风，可折毁树枝，吹落广告牌等；比大风还强烈的有 9 级烈风、10 级的狂风、11 级的暴风以至 12 级的飓风。它们皆会产生重大的破坏，可拔树倒屋、将人吹起。若大风中将地面大量沙尘卷入空中，就成为沙尘暴。

大风带来灾害

防大风应注意事项：

1. 大风天气里，如遇施工工地附近行走时，应尽量远离工地并快速通过，千万不要在高大建筑物、广告牌或大树的下面停留。

2. 经常查看加固门窗、围档、棚架等容易被大风吹动的搭建物，加固容易受大风损坏的室外财物。

3. 各种行驶车辆都应减速慢行。

4. 停止任何高空作业、水上作业，停止一切露天集体活动，做好人员疏散工作。

5. 各种车辆不要停靠在高楼或大树下方，避免砸坏车体。

6. 必须外出时可带口罩，用纱巾包住头，防止伤害眼睛和呼吸道，同时注意交通安全。

飓风

最大风力达 12 级以上（风速大于 32.7 米 / 秒）由热带洋面局部气压极低的强烈暖性气旋形成。在北太平洋形成的飓风，中国亦成为台风。中国是受台风影响最严重的国家之一，平均每年有六七个台风登陆，对沿海各省有着直接的影响，甚至会波及内陆。台风破坏房屋和车船，并引起风暴潮和大暴雨，威胁人们的生命财产安全。

防台风应注意事项：

1. 在台风来临前注意收听收看各级气象台站发布的台风预警信息，及时掌握台风的动向，提前做好相应的准备工作。

2. 将居住在危险地区的人们提前转移至安全的地区，尤其是居住在低洼地区或山坡等危险地区及危房的居民。

3. 尽量减少外出，远离低洼地区以及海边等危险地区及树木、广告牌等危险设施或物品。

4. 加固或者拆除易被风吹动的搭建物。提高建筑物质量，是增强抗台风能力、减少人员伤亡的一个有效途径。

5. 合理安排农作物种植制度，使农作物生长关键期与台风频繁发生时间错开，可以大大减少损失。

6. 选择具有较强抗风的或矮杆的优良品种种植，也是减轻台风灾难的一项有效措施。

7. 保护水土和生态环境对防抗台风工

飓风带来灾害

作是非常有益的，沿海地区应大力开展植树造林，增强综合抗台风灾难能力，高质量的水利工程也具有显著防灾效果。

龙卷风

呈漏斗状的极强烈气旋，旋转风速极大（可达 100 ~ 200 米 / 秒），持续时间短，一般为几分钟至几十分钟。陆上移动时间平均为 15 米 / 秒，最快达 70 米 / 秒。中国每年春、夏的午后在华南、华东、华北等地区有时会出现，受破坏地段的大树、电线杆可能被连根拔出，建筑物被摧毁，破坏力极大。

龙卷风带来灾害

防龙卷风应注意的事项：

1. 在家时一定远离门窗、外围墙壁，人们应进坚固低矮的房屋或地下空洞躲避，并保护好自己的头部。

2. 立刻离开危险房或活动房。如果户外没有屏障，应该平伏于低地面，但要注意有水淹的可能。

3. 寻找最安全的位置，就是与龙卷风来向相反的方向。

4. 在公共场所应向指定地方疏散，那里的掩蔽场所一定是低洼的地方。

5. 如果汽车外出遇到龙卷风，应该立刻把车停在低地。千万不要开车躲避龙卷风。因为汽车没有防御龙卷风的能力。

6. 在野外遇到龙卷风，应该就近寻找低洼地趴在地面，一定远离大树，避免砸伤、压伤。

暴雨

降水强度和雨量皆相当大的雨。日降水量大于 50 毫升。

如果日降水量大于100毫升为大暴雨，大于200毫升的为特大暴雨。可造成不同的灾害以及引起地质灾害和大水灾害等。

防暴雨应注意的事项：

1. 室外积水侵入室内时，一定要立即切断电源，以防积水带电伤人。

2. 室外积水侵入室内时，要因地制宜的在屋门口放置挡水板或砌上土坎。

3. 在户外积水中行走时，要注意观察，防止跌入水井、地坑中，或触及电线。

暴雨带来灾害

4. 驾驶员遇到路面或立交桥下积水过深时，应该尽量绕行，避免强行通过积水中。

雷电

天空闪电时发出的声音。陆地上雷声可传播25千米/秒。闪电是云层内或云层与大地之间发生的强烈火花放电。可分为带状、树枝状、片状、球状、珠状等。巨大的雷电称为雷暴，可引起暴雨、大风、冰雹以及森林失火等，均可造成严重灾害。

防雷电应注意的事项：

1. 立即关闭门窗，屋内人员要远离门窗、水管和煤气管道等金属物体。

2. 关闭一切家用电器，立刻拔掉电源插头，防止雷电从电源线传导到室内。

3. 人在室外，及时躲避，千万不要在空旷的野外停留。如果无处躲避时，应尽量降低身体高度，尽量寻找低洼处藏身或立刻蹲下。

4. 一定远离孤立的大树、高塔、广告牌。电线杆等。

5. 立刻停止室外游泳、划船、钓鱼等水上活动。

6. 假如许多人共处室外，大家不要拥挤、倚靠、拉手，防止被雷击中后，电流相互传导，造成惨剧。

雷电带来灾害

冰雹

形成于扰动强烈的云中以及强烈上升气流的积雨云中。为坚硬的球状、锥状或不规则的固态降水。单个雹块的直径大于5毫米（小于5毫米的称为冰粒或霰、软雹、雪丸等）。对农作物损坏最大，对人也是一种威胁。

雹灾带来灾害

防冰雹应注意的事项：

1. 政府相关部门做好防雹应急工作。

2. 气象有关部门做好人工防雹作业准备。

3. 户外行人立即到安全地方暂避。

4. 将家禽、牲畜赶到有顶篷场所，妥善保护易受冰雹袭击的汽车等。

洪水

由于暴雨或水库河湖堤坝决口、江河泛滥引起大面积的积水，常常冲毁房屋、道路、桥梁，淹没农田，冲刷土壤等，严重危害国计民生，甚至造成群众伤亡。

防洪水应注意的事项：

1. 房屋应盖在地势较高的地段，不要靠近河岸并盖多层楼。

洪水带来灾害

2. 修筑堤坝顶端或居民住宅的“围村堰”石坝一定要预测高出洪水发生的水平。

3. 洪水发生前，及时根据预报组织群众撤离和安全转移。

4. 洪水逼进时要爬攀大树或依靠木器家具做救生用具。

干旱高温

是指降水量较正常年明显减少而形成干旱。久晴无雨可影响到人类社会经济活动的各个方面。特别是农业方面，庄稼枯死，生态环境遭到破坏，诸如沙漠化、风蚀加剧等。

防干旱应注意的事项：

1. 有关部门启用应急备用水源，调度辖区内一切可用水源，优先保障城乡居民生活用水和牲畜饮水。

2. 压减城镇供水指标，优先经济作物灌溉用水，限制大量农业灌溉用水。

3. 限制非生产性高耗水及服务业用水，限制排放工业污水。

4. 气象部门适时进行人工增雨作业。

干旱带来灾害

大雪

形成于强烈冷空气南下时的空间环境，大雪或暴雪常常造成交通中断，建筑物损坏，甚至冻伤或冻死家畜以及人员，严重时压断高压电线造成大面积停电。

防大雪应注意的事项：

1. 老人和体弱病人一定避免出门，防止摔倒造成骨折或外伤。

2. 行人走在冰雪路面上，应穿防滑鞋、慢行。

大雪带来灾害

3. 雪天行车，应给轮胎少量放气，增加轮胎与地面的摩擦力。

4. 雪天行车，应减速慢行，机动车时速小于每小时 30 千米，保持车距，不要急转弯或急刹车，防止侧滑。

5. 雪天行车，应戴上有色眼镜或变色镜，车上安装防滑链。

6. 出现交通事故，一定要在出事地点设立醒目标志，防止二次事故的发生。

7. 及时在道路上喷撒融雪剂，防止路面结冰，及时清扫路面，保持路面畅通。

第五章

探寻地球宝藏

你是否还记得，当《深山探宝》这部电影在全国放映时，曾引起人们广泛的赞誉与颂扬！人们从此认识到地质工作的作用及贡献，也了解到地球母亲馈赠给人类的财富与宝藏。

正是这部电影的宣传和祖国的号召，让全国无数青年对地质工作无限神往，许许多多有志青年争相报考了地质院校，既想了解地球的科学奥秘，又想为祖国探出优质宝藏，还能亲身感悟大好山川的奇丽风姿。

毛主席曾经说过："地质工作搞不好，一马挡路，万马不能前行。"可见，地质找矿工作是多么重要！到底有多么重要？请看下列数据：地质找矿为现代社会提供了90%的燃料矿产、80%的工业原料、70%的农业生产资料，还为我国约1/3的人口、180多个大中城市提供了饮用水、工业与农业用水的地下水资源，同时让960万平方千米的大地上崛起了300多座各有特色的矿业城市……

然而，地质找矿却着实不容易，聪慧而幽默的地球母亲，总是为锻炼她的儿女们的智慧和技能而把财宝巧妙地隐藏在地壳迷宫里，不让你轻易地找到。就以找金、银、铜、铁来说吧，要找到它们，几乎要把地质、物理、化学等各学科组合成的“十八般武艺”与“十八般兵器”成套路地全用上才行……

地下“透视镜”（找地下水）

“快来看啊，地下透视镜！”一个青年农民喊着，一会儿工夫就围上一群老乡。“地底下有甜水吗？”“多深才有水啊？”“能打出水来吗？”不久以后，在这里钻出一口430多米深的自流井，父老乡亲终于告别了几辈子喝咸水的苦日子——这是20多年前发生在林冲发配的沧州地区一个农村的真实情景，至今历历在目。当时是地球物理工作者为贯彻中央支农抗旱政策，在华北黑龙港一带勘查盐碱地之下的淡水层。农民说的地下透视镜就是指物探仪器。

说起这地下透视技术并不复杂，在海滨地区或是平原地区找水，常用物探技术中的直流电阻率测深法，简称为电测深法，掌握这种方法并不很难，中学水平的人培训半个月就可以完全学会。原理很简单：电测深的方法就是向地下通电，同时测定下方不同深度含有不同水质的岩层（土层或岩石）的电阻率，进而分析研究各层的性质、厚度、含淡水或咸水情况。

中学的物理课本中讲过，电阻率低表示导电性能好，电阻率高表示导电性能差。大家知道，一个长方形物体的电阻（R）和它的长度(L)成正比，和它的横截面积（S）成反比，它们的比例系数就叫电阻率，

抗旱找水

井水喷出

物探定井位 打井出水

物探找水打井成功

通常用希腊字母 ρ（读音 rou）为代表符号。它们之间的关系可用公式表示：

$$R=\rho \cdot L/S \qquad \rho=R \cdot S/L$$

从公式可明显看出，当物体长度为 1 米，横截面积为 1 平方米时所具有的电阻，就是这个物体的电阻率（ρ = R）。这就是说，物体的电阻率实际上就是长度和横截面积等于 1 个单位的电阻值。电阻率的单位是“欧姆·米”，记为“Ω·m”。

那么怎样用电阻率区分不同的水呢？常见的几种天然水的电阻率确实不一样，只要一看下面表格中的数字就一目了然了。我们能喝的淡水的电阻率比较高，而不能喝的咸水的电阻率都比较低。

所谓起到透视镜作用的电测深技术，其实就是将 A 与 B 两个供电电极之间距离不断地加大，电流入地的深度不断加深。于是，根据 M 与 N 两个测量电极测出的不同深度的一系列“电压”就可以计算出不同深度的电阻率值，进而推断出浅部咸水和深部淡水的分界面深度，以及推断深部淡水层的厚度。

几种常见天然水的电阻率（Ω·m）

名称	电阻率	名称	电阻率
雨水	≥ 1 000	地下水	≤ 100
河水	0.1–100	矿井水	1–10
海水	0.1–10	盐积水	0.1–1

宝镜“隔山照”（找金属矿）

在美丽的童话里，常常让善良但贫苦的人们获得一个宝葫芦，或是一把金钥匙，以便走出困境与逆境，过上幸福的生活。所以，当我们的地质工作者来到山川村郊进行找矿勘

物探磁法找矿

探的时候，当地的乡亲们总是好奇地问这问那。“这是大指南针？”“对，它叫地质罗盘，用处比指南针还大，功能多着呢？能够量出岩石的倾斜角度和走向！”“这个镜筒里能看见啥呀？”“这是磁力仪，你们过来看看吧，它也叫磁秤！”“啊！原来是看地下的宝镜！”当乡亲们看到仪器目镜中，一组标示线在刻度盘上游动时，他们更是兴奋地打听：“能够探测到山那边的什么矿吗？”“能啊！它能穿透地下几十米或几百米呢！”于是一个年轻的老乡有趣甚至带点幽默地自言自语着：“这不就是老辈子讲过的宝镜隔山照啊！”

确实如此，如果山里地下有铁矿，几乎不管埋藏得有多深，即使是几千米，都可以选用高精度的磁秤，将它反映出来，而且通过演算，求出它的深度、画出它的形状。

这就是磁力勘测，也简单地叫做磁法。道理也是很浅显的，自然界中的各种岩石被地球的磁场所磁化，因而具有不同的磁性。首先是强度不同，称为“磁化强度”，用M表示；k是比例系数；磁化强度与地磁场的强度T的关系，如下面公式表示：

$$M = k T$$

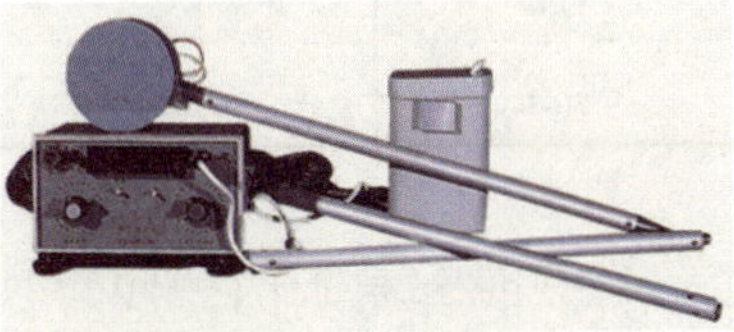
质子磁力仪

物探电法找矿

上面的关系式说明岩石磁化强度与地磁场的强度成正比，不同的岩石系数k有所不同，磁铁矿非常之大，

航空物探

其他的矿要小些，而不含矿的大部分岩石则很小，请参见常见岩石矿石磁化率表。

常见岩石矿石磁化率表（国际单位）

岩石类型	磁化率	岩矿类型	磁化率
黏土	20	花岗岩	200
石灰岩	25	黄铁矿	130
砂岩	30	褐铁矿	220
黄铜矿	32	赤铁矿	550
闪锌矿	60	磁黄铁矿	125 000
锡石	90	磁铁矿	500 000

所以很容易明白，找寻铁矿为什么是物探磁法的拿手好戏。新中国成立以来，所找到的铁矿绝大多数是物探磁法所发现的，特别是埋藏较深的隐伏铁矿。

除铁矿之外，磁法还找到过许多铜多金属矿，如铜镍矿、铜铅锌矿、铜金银矿、铜钼矿等，因为多金属矿所赋存的岩石地层中，大多含有磁性，皆有规律可循。

如果将磁力仪装置于飞机上，叫“航空磁测”，普查扫面非常之快，我国的航空物探工作在地质与找矿工作中确实功勋卓著。无论是找金属矿产，还是找石油天然气等能源矿产，都曾立下汗马功劳。

多彩"金土地"（找金银矿）

在《管子》和《史记》中都有"找金银"的记录。如《管子·地数》就叙述"山，上有赭（音：者，石头名）者，其下有铁；上有铅者，其下有银；上有丹矿者，其下有黄金；上有慈石者，其下有铜金。"这是世界上最早的找金银矿藏的方法。

经历 3 000 多年的探索，现代人已用先进的地球化学方法，简称化探，直接寻找金银多金属矿，既直观又可靠，命中率很高。说起来也很容易理解，就是按一定网度来采取土地样品，野外现场或拿回实验室做化学分析与光谱分析以及更先进的仪器分析，结果呀，化学周期表中 84 种金属元素与 16 种非金属元素，在这多彩的土地中，大多皆可见到。如果某一地段含金元素或银元素高，那么这一地段的地下就可能有金矿或银矿。

参见我国南方的一个大型金银矿综合元素异常图（将含量相同的点连成等值线，类似地形图的等高线），无矿地区，各种成矿元素含量不高，趋于正常背景值，而有矿地区成矿元素及相关元素含量规律性增高，成为异常值。

化探找矿

南方某金银矿化学元素参数表

元素	金	银	铜	锌
异常面积（Km^2）	1.2	1.3	0.4	0.12
异常平均含量	98.7	458.6	39.0	101.55
异常最高含量	5499	1970	110.4	310
衬值	58.1	3.4	29	29

单位：金 $Au \times 10^{-9}$；银 $Ag \times 10^{-9}$；铜 $Cu \times 10^{-6}$；锌 $Zn \times 10^{-6}$。

从表与图中，一看便知，金银元素异常高值，竟然高出本地区背景值的几十倍乃至几百倍；它的面积也相当可观，局外人参阅这些图表来估算，它也该是个大矿吧？对了，经过地质勘察已经证实，这是一处由化探工作者发现的大型金矿、超大型银矿。

除了直接对土壤取样之外，根据情况和需要可以分别对岩石、水系沉积物、气体、地下水或植物取样进行地球化学分析，这些都可用于矿产普查和详查评价。这些方面均积累有许多实践经验，而且在矿产发现中起到了一定作用。

我国化探最近 20 年发展迅速，方法不断改进、技术不断提高，特别是金矿化探技术已经达到国际领先水平，其找矿效果尤为显著，在金银等贵金属方面取得了重大突破，找到一大批大型乃至特大型的金银矿；在铜、铅、锌、钨、锡、钼、镍、钴、锑、铌、钽等方面已经取得了重大进展，找到了一批大型或中型的多种金属矿产地。

找金银矿经常利用综合方法，综合化探方法有利于发现金银矿，综合物探方法可以用来框定金银矿的空间大致分布。如山东一金矿用电法（电阻率低异常、激发电位高异常）以及磁法进行定位，计算分析，经打钻验证，证实了金矿体的位置与用上述物探方法定位的位置一致。

地下“顺风耳”（找核原料）

“站住，干什么的？”三个端着枪的民兵警惕地在后面喊着，叫住了山谷里一个胸前挎着小型“电台”，戴着一副耳机，手里还拿着“扫雷器”式的金属筒的人。“同志，我是搞物探的！”，“什么‘木炭’？哪个单位的？”“我是地质队的，在搞放射性测量找矿……”经过解释，一个民兵打趣道：“原来是大水冲了龙王庙，自家人不认识自家人呀！”另一个民兵指着耳机问：“那是听什么呀？”“听地下矿放射出来的声音，你们来听听……”“嗯！这不是土地爷的顺风耳吗？”老乡们都是挺开朗、挺能逗、善联想的……此类事情的发生还真不止是一起、两起呢。老地质队员们很爱讲这些惊险而又有趣的往事。

放射性物探方法，也叫做核物探方法，是找核电站、核工业、核医疗、核农业等广泛应用的核原料。提起放射性，大家都会不由自主地称赞起世界上独一无二的、曾经两次获

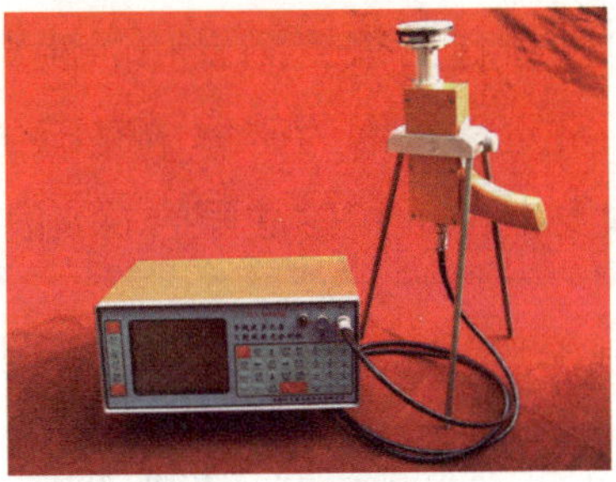

野外现场化探分析设备 1（手提式高灵敏度 X 射线荧光仪）

野外现场化探分析设备 2（轻便型管激发 X 荧光全谱仪）

得诺贝尔奖的女科学家——居里夫人。她克服了常人难以想象的困难，坚持不懈地从几吨沥青中提炼出几克的放射性物质，她为研究放射性物质的衰变规律付出了毕生的精力，她得到了全世界世世代代人们的尊敬、颂扬和爱戴。

女科学家——居里夫人

核物探仪器，确实如同原先的无线电报话机一样，挂在胸前，双耳的耳机是用来听测探头（真像扫雷器）接受放射性激起的电脉冲音响频数，根据仪表显示记录其放射性 γ（希腊字母，读音伽马）强度。

找放射性铀矿，物探发挥了极为突出的作用：首先利用航空核物探方法大面积快速测量，发现放射性异常区，进而再用地面核物探方法进行详细检查。我国最大的铀矿就是这样找到的。我国已经发现的铀矿产地 95% 是由核物探方法发现的。

大型铀钼矿的发现，是应用综合物探方法成功的一个实例，该矿品位高、规模大、价值数亿元。用放射性 γ（伽马）法发现异常，用放射性气体测量法（包括氡管测量和活性炭测量）圈定深部范围，同时对异常定性。因为矿体中有硫化物存在，又用电法（电阻率与激发电位）和磁法配合探测深部变化情况，从而获得了成功。

航空放射性法与航空磁法一样，是最早应用的航空物探方法，工作效率高、勘查周期短，特别是用于研究成矿规律，进行各种岩性和地层填图以及区域性对比，地质效果非常突出。根据航空物探成果，开展找矿和预测工作已是国内外地质勘察的重要方法。

现在放射性物探，除用于找铀、钍、钾之外，还广泛用于找地下水含水构造以及其他金属与非金属矿产，特别是近些年还大量用于地质环境调查、氡气测量和工程勘察等工作中。

各路“名水神”（山区找水）

中央电视2台在2003年世界水日，播出了华北地区某山村严重缺水的情景：吃水真的贵如油啊！老人和孩子们日思夜盼，企盼地下能打出一口水井来。他们几次找“高人”打井，定一个孔，不出水；再定一个孔，还是不出水；一直打了20多眼井，全都是干井，几乎耗尽全村的钱财。村民们不甘心，一个偶然的信息让他们找到了某大学一位地质学教授，他携带一个物探仪器（大地电场仪）与一个地质罗盘，勘测一番之后确定出一个井位，终于打出每小时涌水量为60吨的一口

救命井。电视屏幕上映出的村里男女老少笑逐颜开、热泪盈眶的场面，深深地感染着每一位电视观众。主持人动情地说："水是人们的命根子啊！有了水就有了希望。生命，因为水而诞生！生命，因为水而精彩！"这位教授为不少山村找到过水源，被乡村百姓们传为佳话，誉为大学的"水神教授"。

以前，山东泰山汶口地区曾经多年干旱缺水，多次打井总不见水。据原《中国地质报》报道：一支地质分队在此勘测 17 眼井，打井结束后，井井都有甘甜的清水涌出；后来又接着勘测了 28 眼井，每眼井都获得成功，解决了当地百姓居民的生活用水问题，以及农田浇地和牲畜用水的需求，被当地百姓称为地质队的"水神"。这支地质分队定水井位置怎么选择的如此准确呢？原来他们不仅运用水文地质理论做指导，并且充分运用了先进的物探技术。

太行山东麓的顺平县、易县以及涞水县，都曾经反映原地矿部水文工程技术方法研究所的专家们来这些地区进行综合物探找水工作的情况：他们以电磁法为主，配合核物探方法勘查岩层裂隙，在顺平地区打了一眼水文孔，证实物探推断正确。该孔深 90 米，地下水位深度 36 米，每小时涌水量 60 吨。专家们还在易县的勇村地区，根据综合物探方法定孔位打了眼井，井深 120 米，抽水水量每小时 30 吨，满足了村民的生活用水。水文研究所的这些业绩深受该地区人们的赞扬，并且被戴上了"水神"的桂冠。

深部"探热泉"（找地热水）

"绿色奥运、人文奥运、科学奥运"这是北京为 2008 年世界奥运会精心设计的总纲，也是中国对世界、对人类将要做出的一次伟大贡献。绿色象征着人类回归自然：去除燃料污染、去除化学污染、去除工业污染，必然是每个人的心愿。绿色的追求也映衬出人们对生活与活动空间环境田园般的眷恋！

地热井喷水情景

北京奥运村、奥运场馆、奥运公园……这些地区都已勘查出一批深部的地热水资源。中央电视台奥运节目组对《北京奥运建设地区的地热开发前景》进行了专题采访录像。现在人们给予地热能源以绿色能源、环保能源、清洁能源等多种美称。

物探涉足地热勘查已有 30 多年历史。近些年，全国各地如北京、天津、云南、西藏、福建、辽宁、山东、山西、河北、湖南、湖北、广西、江西等等都已普遍开展了此项工作，并且在探索、发现高温、中温、低温等地热水中起到了重要作用。技术方法也由应用直流电法发展为应用电磁测深法、微震微动测深法、地温测量法、重磁方法、地球化学方法等。

我们不妨回顾一下历史：1974 年进行西藏羊八井电剖面和电测深勘查推测了地热水埋藏的深度与厚度；1975 年打出了高温、高压的热流体，揭开了羊八

西藏羊八井地热田钻孔喷出高温热水与蒸汽之场面

井地热田的序幕；1977 年建成 2 个地热发电厂，装机容量 2 580 千瓦，供拉萨市用电。1980 年至 1991 年又投入重力、磁法、电磁测深、地球化学方法等扩大勘查，并打钻孔 2 006 米深进行验证。孔内见 329.8℃的热水，是迄今我国地热水井中水温最高的水井。

河南省济源地区用电法探明了地下热水与断裂构造的关系，划分出地热异常区。施钻 7 孔，均见热水，温度最高达 93℃。广东省珠海市金顶湾用地温测量法在浅海湾圈定出地热异常，用钻探验证，在孔深 85 米处见到自流热水，水温 90℃。在特区，此热源具有较大的经济价值。甘肃省温家峡地区应用电测深和磁法进行勘查，找到了含热水的破碎带，后来经过深度为 350 米和 500 米的两个钻孔证实，该区为裂隙型承压，地下热水的孔口水温为 39℃，水头高度达 40 余米，矿化度为 0.32 克 / 升，达到了国家医疗矿泉水标准，为举世闻名的天水市麦积山风景区增添了新的魅力。

北京地区地热勘查难度较大。其开阔的平原，沉积厚度很大。除了一般物探方法之外，还应用了近些年出现的新技术与新方法，就是“微动测深”与“天然电磁测深”。微动测深技术（也称天然地震长周期微动面波方法）在京津地区应用比较广泛，也比较成功。如最早在北京丰台花乡公园，为热水井设计提供地质分层资料，以及推断储热地层深度，都非常准确（见下表）。

2 个出热层的验证对比表

	物探推断深度	钻孔结果深度	相对误差
上出热层	2000m	1910m	4.5%
下出热层	2350m	2322m	1.2%

这种精度已经完全满足地质钻探工程设计的需要。天然电磁测深技术（亦称天然电磁辐射测深方法）也多用于京津地区，并获得一些成果。这种技术不需要电线与电缆，也不需要接地电极，只需要配合微动测深技术。目前在北京兴建绿色住宅区和地热 24 小时供水住宅区的地热勘查中正在发挥作用。

大陆寻“黑金”（找油气田）

石油，素有黑色金子之称，现代工业与现代交通的动力支柱。是它，带来现代经济与现代社会的运转与活力。试想，如果城市中突然切断了天然气及石油，那么，这个城市（特别是发达国家的城市）就会立刻变成为死城！工厂会立刻成群倒闭，马路上成群的汽车堵塞交通（停运货物和人流），商店无法开业，学校无法上课……人们赖以生存和工作的环境破坏了，一切都在瞬间失去勃勃生机，变得死气沉沉！可见，人们需要石油，人们依赖石油，人们一时一刻也离不开石油啊！

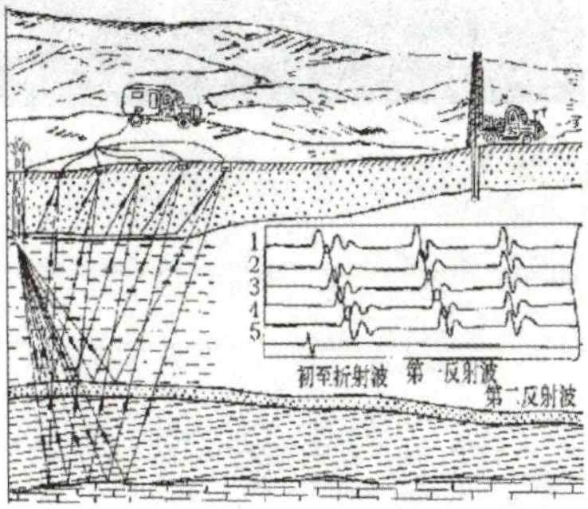

物探技术：地震波法找油气示意图

随着我国现代化程度的不断提高，特别是汽车工业迅速发展，我国的石油及天然气早已成为主要能源，需求量在突飞猛进地增长着，石油及天然气成为主要能源的比例不断加大。与此同时，勘查与开发油气工作也不断地

大庆油田

油田晨景

创造着奇迹，在陆地上一个又一个大油气田被发现：如新中国成立以来首先发现克拉玛依油田，随后相继找到的油气田有大庆、大港、胜利、冀中、中原、苏北、江汉、塔里木、吐鲁番……

最先震惊世界的大奇迹是找出大庆油气田。请允许我在此极其概略地回顾一下，没准儿你也真想知道，这著名的大庆是怎样诞生的呢！新中国成立后，国家经济发展和建设急需大量石油，为此国家领导和地质专家决策：在全国主要沉积区开展石油地质与物探概查工作。从 1956 年开始到东北松辽大平原进行航空磁法和地面重力测量，计算出沉积岩层有 4 ~ 6 千米厚，并圈定出沉积盆地轮廓，划分出中央凹陷带及若干个次级凹陷带。1958 年年初部署电法（电测深）和地面磁法，并开展了石油物探普查。1958 年 6 月，在一个凹陷带上发现了一条有利于出油的沉积隆起构造，称为“大同镇”石油构造，即现在具有 2 000 平方千米的大庆长垣构造之一段。同年 7 月布置地震详查，详查了该构造的准确位置，8 月提出验证钻孔，即在石油构造顶部的松基三井；1959 年 4 月正式开钻，1959 年 9 月 26 日（国庆节前）喷出工业油流，从而揭开了后来被命名为“大庆油田”的工业化开采的序幕。就这样，在共和国第一个十年大庆之时，大庆油田诞生了。

龙宫“觅瑰宝”（海上找油）

千百年来，人们对浩瀚的海洋充满了无限的向往。古人曾幻想水下有龙宫、龙王，有各种瑰丽的宝藏。大圣孙悟空不是因为有神功，才去海底借来一个金箍棒吗？然而，向往归向往，幻想归幻想，要想探测深邃的海洋，并非轻而易举，经过了几代、几十代人的探索和努力，直到科技全面发展的现代，才带来了希望。

1959 年，我国首次在渤海上空进行航空磁测，初步查明海域可能存在一个含油气的沉积盆地；1960 年在天津组建了我国第一支海上石油勘查队伍——渤海综合物探大队，并开展海上重力和地震勘查，圈定出渤中凹陷，1967 年 6 月，在凹陷上发现的油气构造上首次打钻喷出工业油气流；至 1997 年，渤海海域共发现油田 11 个、油气田 7 个、单气田 1 个。其中部分油气田已经相继开采。

1983 年在我国东海发现“平湖”油田，1994 年进入开发阶段；1986 ~ 1990 年在东海相继发现“春晓”油气构造和“天外天”油气构造，有待今后开发。

1963 年在我国南海莺歌海区进行海上地震勘测，于 1983 年打出气田，评价为大型气田；1974 年在南海珠江口外进行海洋磁力、海洋重力、海洋地震、海洋地质综合调查工作，1979 年获得工业油流；1963 年在南海北部湾进行了海域航空磁测工作，1970 年进行海洋重力测量、海洋磁测、地震测试，1977 年打出了北部湾海上第一口工业油气井，从此进入了油气开发阶段。

在中国地质调查局《走向海洋》一书中记述了我国海域石油产量连年攀升和突破的一串数字：

1960：实现“0 吨”的突破！

1967：实现“100 吨”的突破！

1971：实现“1 000 吨”的突破！

1976：实现“10 000 吨”的突破！

1984：实现“100 000 吨”的突破！

1986：实现“350 000 吨”的突破！

1995：实现“15 000 000 吨”的突破！

2002：实现“20 000 000 吨”的突破！

2006：实现“27 820 000 吨”的突破！

2010：实现“51 000 000 吨”的突破！

海上钻孔喷油气景象

海上物探船照片

“勘探二号”自升式钻井平台

第六章

地球儿女的创作

人是万物之灵。灵在何处？灵在能学习、会学习、爱学习；灵在能思维、会思维、爱思维；灵在能实践、会实践、爱实践。人通过学习，能不断地增长知识和才干，通过思维，能不断地创造和发现，通过实践，能不断地提高和拓展。

于是，人和其他生物有了越来越大的区别，有了越来越大的差距；终于被地球母亲培养成为万物之灵。

人类认识地球母亲，了解地球母亲的童年、少年和青年的经历，是经过了极其漫长的过程的。实际上，人类经过了数百年以至数千年才一步一步地感受与体会到地球独有特色的“性格与气质”。如公元前，中国人最早发现和记录了磁力特性、地震传播简单特性，也发现了铜、金、汞、铅等元素的初步性质与其在岩石中的赋存变化，而真正地深入掌握其规律并得到广泛的应用，却经过了世世代代千百年的科学探索、科学积累；再如，对地球年龄问题的探索，也是经历了祖祖辈辈、千百年的科学观察，科学对比，科学实验，才得出令人信服的结论的。开始时，人类的祖先曾研究海洋沉积、潮汐摩擦、溶盐输送、宇宙膨胀等许多方法，想找到地球的“年轮”，但是，计算出的年纪总是差别很大，不稳定、不可信。直到 1896 年发现了天然放射性衰变现象及其规律之后，人们才逐渐找到测知地球成长中各个阶段的可靠的“计时钟”亦可称为“生物钟”。

大家都知道制造原子弹需要用放射性元素铀。铀，会不断地放射出 α 粒子射线、β 粒子射线、γ 粒子射线。同时也不断地从一种高原子量的元素衰变成一种低原子量的元素，直到变成稳定的元素铅为止。这种衰变所用的时间是 45 亿年，称为铀的半衰期。这么一来，只要我们精心地在大自然中采选标本样品，并且测其铀和铅的数量比例，就可以算出其生成的“年龄”了。地质学家或地球物理、地球化学专家所说的用“铀－铅”法测古老岩石的年龄，就是这个道理，它并不神秘！另外还有“铷－锶”法，“钾－氩”法，“碳－14”法等，可分别适用于对不同的古老程度的岩石（上万岁的、上百万岁的、上千万岁的、上亿岁的岩石）进行测定。

千百年来，人类通过摸索、研究、认识地球的各种方法和途径，在地球物理、地球化学、地质遥感三个方面建立起实用技术系列。现对它们的地位、特点和作用做如下概括的介绍。

枝繁叶茂的“科技之树”

当你童年时，大人们会问：“你长大干什么呀？”你可能回答过：当科学家、工程师、解放军、艺术家……当你中学即将毕业时，家长会要问：“你选择什么专业？报哪类学校？”你可能考虑：理科、工科、文科，学习建筑、计算机、化工，中文、外文，历史、法律、经济……当你将要离开大学时，你听到的问话将是：“去哪个岗位？找什么职业呢？”你面临的选择更是五花八门，甚至是眼花缭乱！一句古老的话语回荡在耳边：“360 行，行行都可干！360 行，行行出状元！”以此形容行当之多，鼓励干哪一行都能干出成绩。但是你一定想了解一下、梳理一下，这些行当是怎么分类的呢？你对哪一种行当更合适？更喜欢？更有发展呢？

地球母亲养育了人类，而人类培植出巨大的“科学树”。这株“科学树”有三大枝杈：一支是自然科学、一支是技术科学、一支是社会科学。这正好对应上国家级的三座最高科学殿堂：中国科学院、中国工程院、中国社会科学院。“科学树”的每一个大枝杈，又基本上由六个分枝杈构成——就是人们熟知的自然科学分为：数、理、化、天、地、生（即数学、物理、化学、天文、地学、生物）；技术科学分为：材、机、电、建、医、农（即原材料类、机械机器类、电子电工类、建筑类、医药类、农林牧渔相关产业类）；社会科学分为：文、史、哲、经、法、社（即文学艺术范畴、各种史学范畴、哲学思维学范畴、经济金融范畴、法学范畴、社会与行政学范畴）。

这三大枝杈 18 个分枝杈，构成了当代科学的总体框架，这是每年高考的报名指南和各大学各学科系与各专业分类介绍中，都可以明显反映出来的。其实，每个分枝又生长出许多细枝，确如孙悟空能“72 变”一样，学科、专业、职业、岗位细化为 36 行、72 行、108 行、360 行等。发展到当今，由大科学家集体著书中提及的 2 800 种细枝，就是 2 800 个行当（见《现代科学技术基础知识》）。这要比 20 世纪中

物探与化探是我国首批应用电子计算机的专业

叶著名英国科学家J·贝尔纳提出的科学是树状发展的图景更加枝繁叶茂了。

科学发展大趋势：分而后合，合而后分，各分枝、细枝交叉综合已是必然规律，进而带动了科学不断地拓宽和深入。其中物理学与地质学结合，便产生了一门新的交叉科学或边缘科学即地球物理学；化学与地质学结合，便产生了地球化学；物理学中的光学（辐射电磁学）与地质学结合，便出现了地质遥感学。

而以地球物理学、地球化学、地质遥感学这三方面理论方法去解决生产实践中的问题（如探测矿产资源、寻找地下水、查明地质构造、监测环境污染等）便归属于工程技术科学的范畴了。它们分别称为："地球物理勘探"（简称物探）、"地球化学勘探"（简称化探）、"地质遥感"（简称遥感）。

我国颁布的国家技术标准中，已经把"物探"、"化探"、"遥感"确定为正式使用的专业名词术语了。目前，国家发布的物探、化探、遥感技术规章已经多达30余种。应用于国土资源、石油、煤炭、冶金、有色、水利、电力、建设、建材、地震、铁道、交通、化工、轻工、农林、黄金、海洋、环保、军工、院校、科研、工厂等20多个部门与行业。物探、化探、遥感的技术服务领域不断拓宽，为经济建设做出越来越多的贡献。

地球物理的“家族成员”

当你翻开中学物理书之后，就可以知道有力学、声学、电学、磁学、热学、光学、核学（原子学）等章节内容，这正反映出物质的七大类物理性质。而地球同样具有这七类物理性质，对它进行探索与研究，便属于地球物理学。而地球物理方法即物探技术，也相应分为重力法、弹性波法（即地震波法、含超声波法）、电法、磁法、地温法（亦称地热法）、放射性法（即核物探法）、遥感法（可见光摄像与电磁扫描图像）七大类。其中遥感技术由于其特殊性，已从物探中独立出去，单独成为一族，另立家门了。现将其余六位成员之特长和能力展示给大家。

1. 电测技术（即电法）：堪称物探魔术师，花样繁多、信息丰富、用途甚广、成本不高。电法所依据的是物质的导电性、电化学活动性（如电池）、介电性（如收音机中的电容器）等。由于电异常与多种因素有关，因而电法除了找金属、非金属、能源矿产之外，还大量用于找各种类型的地下水，以及解决工程、环境地质问题。

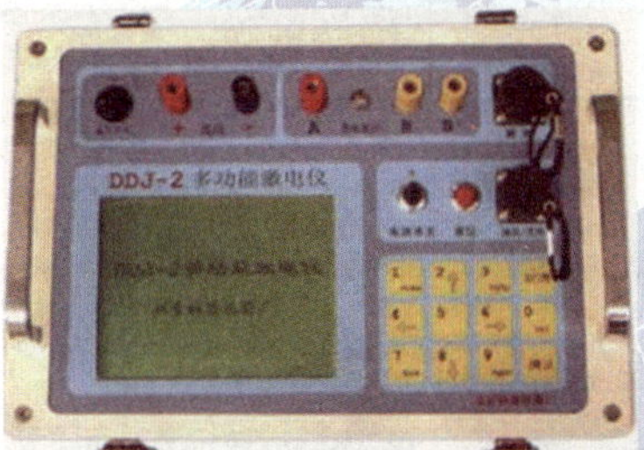

DDJ-2 多功能激电仪

电测技术方法分类及应用简表

<table>
<tr><th>类型</th><th>场的性质</th><th colspan="3">方法名称</th><th>应用情况</th></tr>
<tr><td rowspan="7">交流电法</td><td>天然场</td><td colspan="3">大地电磁法、音频电磁法</td><td>查区域构造、含水构造、山区裂隙水</td></tr>
<tr><td rowspan="6">人工场</td><td colspan="3">低频电阻率法、瞬变电磁法</td><td>同直流电阻率法</td></tr>
<tr><td colspan="3">电磁法、甚低频法</td><td>查构造，填图， 找水</td></tr>
<tr><td colspan="3">频率测深法、可控源音频电磁</td><td>沙漠戈壁地区找水、探测地下构造；划分地层</td></tr>
<tr><td colspan="3">变频法、双频激电法</td><td>丘陵与沙漠平原区找水、填图</td></tr>
<tr><td colspan="3">无线电波透视、电阻率成像 CT 法</td><td>查溶洞、暗河、断层</td></tr>
<tr><td colspan="3">探地雷达</td><td>水文工程、岩溶、裂隙</td></tr>
<tr><td rowspan="5">直流电法</td><td rowspan="5">人工场</td><td colspan="2">自然电场法</td><td>电位法
梯度法</td><td>测地下水流向；
河床、水库底渗漏点；
地下水与地表水补排关系</td></tr>
<tr><td rowspan="2">电阻率法</td><td>剖面法</td><td>联合剖面法
对称四级剖面法
复合四级剖面法
中间梯度法
偶极剖面法</td><td>填图；
追索断层破碎带；
探测基底起伏；
查明岩溶发育带</td></tr>
<tr><td>探测法</td><td>对称四级测深法
三级电测深法
环型电测深法
偶极测深法
五级纵轴测深法</td><td>划分近水平层位；
确定含水层厚度、埋深；
划分咸淡水分界面；
查构造；
探基底埋深、风化壳厚度等</td></tr>
<tr><td colspan="2">激发极化法</td><td>各种剖面法
激电测深法</td><td>黄土源区及山区找水；
划分含泥质地层；
查溶洞、断层带</td></tr>
<tr><td colspan="2">充电法</td><td>电位法、梯度法</td><td>追索地下暗河、充水断裂带</td></tr>
</table>

2. 磁测技术（即磁法）：堪称物探轻骑兵，效率高、成本低、信息多、用人少。磁性一般不受岩矿结构、温度、湿度变化的影响，所以磁异常因素比较单一，主要受磁性矿物成分制约，资料解析理论也比较系统和完整。新中国建立后，80% 铁矿是通过磁法找到的。现在高精度磁测已经用于工程

勘探、军事目的、山区基岩找水等任务中。

3. 核探测技术（即放射性法）：堪称物探侦察员，执行任务一人即可。边走边探，如同扫地雷，仪器轻便、操作简单、探测较浅。我国铀、钍矿床 90% 是通过放射性方法找到的，功勋卓著；现在核探测技术还在找基岩裂隙水等方面发挥了重要作用，变换的技术手段有十余种之多。

4. 地温测量技术（亦称地热法）：堪称物探中的保健医，为地球测体温变化，推测发热源头。一般在地表浅层或井孔、坑道中进行，地热异常是解释地质构造、地层、岩体的重要资料，还用于普查地热田、石油、硫化矿床等。

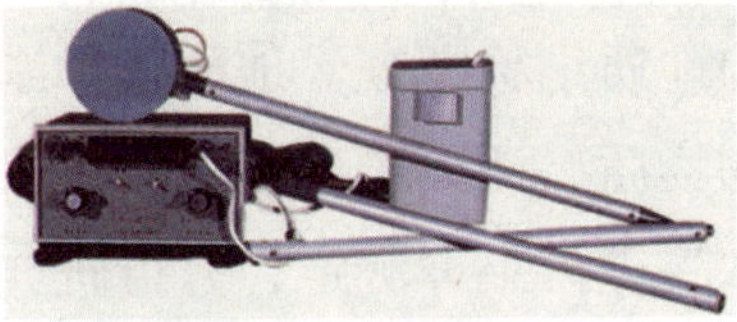

CZM-2 型质子磁力仪

5. 重力测量技术（即重力法）：堪称物探中的娇小姐，其仪器格外怕震怕热，灵敏度甚高，有位专家形容，一只飞鸟在它旁边飞过，它都能感觉（反映）出来。重力值是导弹轨道计算的重要参数之一，因此重要地区的重力资料皆为国家保密资料。用它找矿时，可用于找油气、煤田、盐矿、铬铁矿等，也用于大地构造的探测工作。

6. 地震探测技术（即地震法）：堪称物探中的重武器，多为车载式，常需两辆以上汽车。工作缺点是速度慢、架势大、工序多、较复杂；优点是勘探深度大、精度高、分层准。主要用于石油、天然气、煤田等的普查和详查。地震法在各国的油气勘探中均立下不可替代的汗马功劳。地震资料亦可用于大地构造、深部地层的分析中。另外，随着轻便地震设备的出现，也开始广泛用于工程地质和水文地质工作中。

地球化学的“家庭成员”

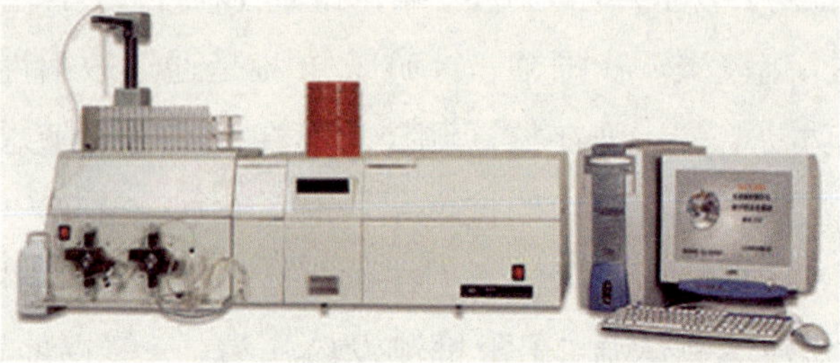

AFS-230E 全自动双道氢化物发生原子荧光光度计

当代医学通过分析一个人的头发、指甲、皮肤中所含元素的成分与比例，就可以判断出他的身体特点；更可以从一个人的血液、尿液、痰液、粪便的分析中，推断出一个人的健康状况。地球化学勘查方法同样可以勘查出地球的地质结构特征。地球化学勘查就是根据对自然界分布的一切物质，诸如土壤、岩石、水系沉积物、地下水、生物、气体等进行采样测定，分析研究各种元素迁移富集规律，从而达到找矿和环境研究的目的。

常规化探的方法分为 6 种。

1. 土壤测量　过去称为次生晕法。它是化探中的简便方法，戏称抓把土方法。操作简单，效率较高，耗费不多，效果较好。用于普查找矿、农业地质、环境地质、医学地质等多方面，颇有成效。

2. 岩石测量　过去称原生晕法，是化探中的重型方法，戏称敲石头方法。采样不易，搬运费力，效果颇好，效率较低。适于详查、评价岩体、圈定矿段、追索盲矿。特别是根据原生晕异常找深部隐伏矿，以及为解决一些基础地质课题提供重要信息。

3. 水系沉积物测量　过去称分散流法，是化探中的高效方法。能进行大面积工作，具有扫面快、耗费低、信息丰富、成效显著的特点。多年来在成矿预测和圈定矿化带方面取得了奇效，对于编制区域地球化学图、环境地球化学图来说，水系沉积物化验数据是主要信息来源。

4. 气体化学测量　简称气测。采集土壤中或大气中的气体样品，用来分析测量某些易挥发元素和气体之含量（如汞、卤素、烃气、硫化氢、二氧化碳等），进而判断与之有关的一些矿床存在情况，如银矿、铜矿、汞矿、金矿、钾盐、地热、石油、天然气等。这种方法近些年研究深入，发展迅速，已见成效。

5. 水化学测量　实际是对地下水（井水、泉水等）所含的地球化学元素组分进行化验分析。过去应用范围不广、工作量不多、地质找矿效果不突出。现在科学发展进步了，出现水电化学方法以及电提取技术，拓宽了应用。可用于找金矿、油矿、铀矿、多金属矿和盐类矿床，而且还应用于环境地学研究及应用方面。

6. 生物化学测量　含植物地球化学测量（即地植物法）。本法没有系统和大量的应用，分析困难，解释复杂，尚待发展。除了为找矿服务之外，还可为植物生态、环境科学、地方病学提供资料。近些年来，这一方法已经开始得到广泛重视。

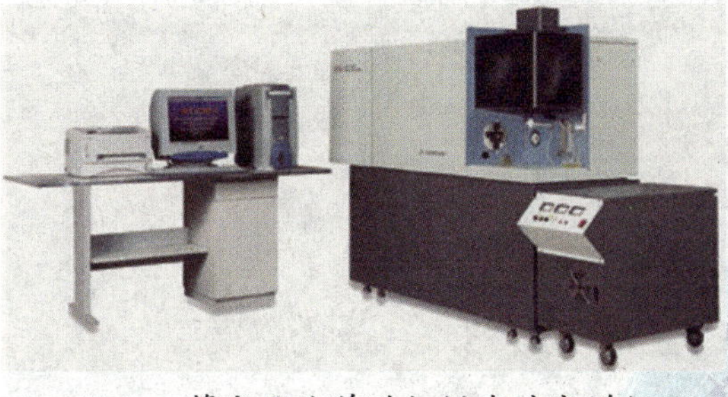

WLY100-1 等离子体单道扫描直读光谱仪

地质遥感的“兄弟姐妹”

玄妙的神话中说，“二郎神”的眼睛在天上就能看见大地上的事情，其实这只是人们的幻想而已。现代科学竟能把这一幻想一步步变成现实：高空拍摄、太空拍摄……能把地表照得一清二楚。这就是遥感，就是遥远的感知，感知遥远的目标信息。遥感一词（Remote sensing），最早是1962年美国海军科学研究局的布鲁伊特提出的，从当年在美国密执安大学举行的第一次国际环境遥感讨论会开始，遥感这个词就被人们广泛流传。

40多年来，航空遥感与航天遥感技术发展惊人。对地面物体的分辨率从开始的数百米发展到数十米，以至于现在的数米级别，而为军事侦察目的要求特高精度时，甚至可以达到数厘米级别，这真像过去玩笑话所说的，由“打哪儿指哪儿”已经能够变为“指哪儿打哪儿”了！而且遥感常常是居高临下、控制范围大，还具有运行周期短、速度快、信息

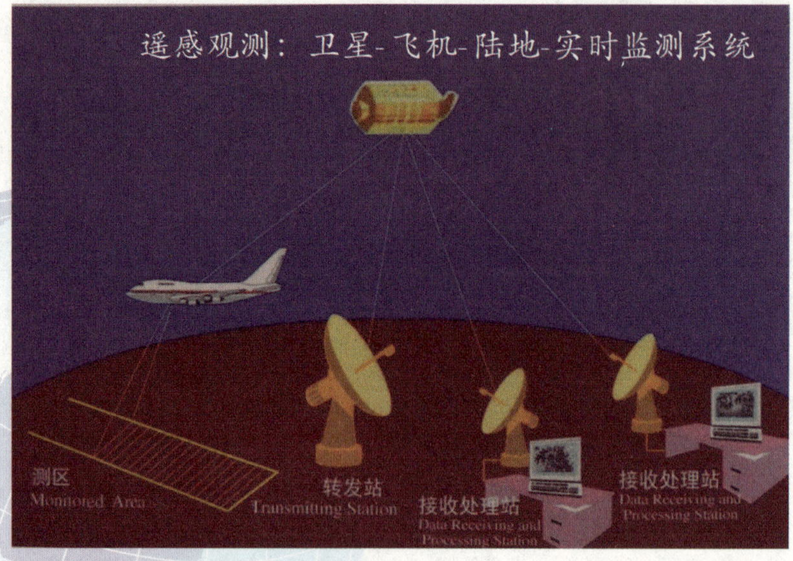

全球气候遥感观测系统

多的特点。

遥感技术的分类正如各种媒体所反映的那样五花八门。

如按遥感平台分类（指运载遥感传感仪器的工具）可分为航天遥感（包括人造卫星遥感、宇宙飞船遥感、宇航飞行站遥感等），航空遥感（包括飞机遥感、气球遥感、飞行器遥感等），地面遥感（包括汽车遥感、高塔遥感等）。

再如按任务目标分类可分为地质遥感、气象遥感、农业遥感、军事遥感等。

还有按遥感技术的物理基础分类，就是根据电磁波传感器特性来分类，是遥感的传统常规分类，可分为天然源成像遥感（包括各种摄像机与扫描仪）、人工源成像遥感（包括激光和红外线以及各种雷达器）、非成像遥感（包括各种辐射计、高度计、光度计）等。

具体的名称和目前应用情况参见《遥感类型、应用电磁波段参考表》。

遥感类型、应用电磁波段参考表

遥感方式	传感器	紫外	可见光	近红外	中远红外	微波
被动成像方式（天然源）	单波段摄像机	实用	实用	实用	——	——
	单波段摄像机	实用	实用	实用	——	——
	单波段摄像机	实用	实用	实用	——	——
	多波段摄像机	实用	实用	实用	——	——
	多波段扫描仪	实用	实用	实用	——	——
	红外扫描仪	——	——	——	实用	——
主动成像方式	激光雷达器	——	实用	实用	——	——
	红外雷达器	——	——	实用	实用	——

（续）

遥感方式	传感器	紫外	可见光	近红外	中远红外	微波
（人工源）	单波段侧视雷达	——	——	——	——	实用
	多波段侧视雷达	——	——	——	——	实用
非成像	激光高度计	——	实用	实用	——	——
	红外辐射计	——	——	实用	实用	——
	微波辐射计	——	——	——	——	实用
	分光光度计	实用	实用	实用	——	——

勘探队员们“编织神话”

听！远处传来激动心弦的歌声：“是那山谷的风，吹动了我们的红旗；是那狂暴的雨，洗刷了我们的帐篷。我们有火焰般的热情，战胜了一切疲劳和寒冷；背起了我们的行装，攀上了层层的山峰；我们满怀无限的希望，为祖国寻找出丰富的矿藏……”你可知道，这首豪迈而嘹亮的《勘探队之歌》飘荡到哪一处山川，哪一处山川就必然有地质工作者的足迹，而有地质工作者足迹的地方，就如神话一般出现一座座新的矿山、一座座新的城市、一座座新的水源地……其中，人们早已熟知的在荒原上开发出来的大庆、大港、胜利、中原、华北、江汉等大油田；在郊野里耸立起来的包钢、鞍钢、攀钢、武钢、首钢、邯钢等钢铁企业基地；在山岭中建设成的金昌、白银、东川、会理、德兴、常宁有色金属生产基地等，都是勘探队员们运用现代的地质理论和先进的物化探高新技术而发现的。

半个世纪以来，我国通过物化探工作而直接发现了数以

山东一处大型金矿区

百计的石油与天然气田，找到了数以千计的金属和非金属矿床，探查了数以万计的水源地和工程环境项目。

其实，地质工作者的全部成果与奉献，几乎惠及每一个社会成员，人人都在不同程度地天天享用着。人们离不开阳光、空气和水，这是生命的三大要素；现代人离不开能源、金属和非金属，这是生活的三大基础。请看现代社会，人们的衣、食、住、行、用哪个方面能离开这三样矿物原料呢？你生活中一切用具和物品，或制造这些用具和物品的机器与工具，都与能源、金属和非金属密不可分。而这些，都是被称为现代经济开路先锋的地质勘探队员们提供的。

除此以外，勘探工作者通过使用地质和物化探方法探测到的地下水，为生活与生产，特别是农业发展开辟了康庄大道，编织出新的神话。请看河北地区几个使干旱平原、荒山秃岭变成绿荫一片的“米粮川、花果山”的实例吧！

在河北省盐山县，过去

拉萨西北87公里的羊八井，终年有从地下翻涌而上的炽热泉水，图为喷井正在喷出的热水与蒸汽，天空中出现了两道彩虹

大搞水利化时期，由于不能掌握咸淡水的分布情况，打300余眼井，成井后多是苦水井而不能用；后来依靠物探技术测定，重新布井，接连打过500眼，全部成井，而且水质水量都很好地满足了需要。其中大葛乡王单驼村，原先只有一口井，粮食亩产50.5千克，每年吃国家返销粮6万千克；在利用物探定位打井12眼以后，粮食亩产达到387千克，每年可向国家提供30万千克粮食。

在河北省涞水县，根据物探资料打井41眼，成井后解决了98个村的群众用水和农灌用水，每年可节省运水劳力110万个，扩建果园548个，栽种果树15万棵，浇灌2800亩农田，每年增收小麦28.5万千克。附近有的县由于不了解物探技术，曾经花了7年时间，打了9个深井，均为干井，经济损失很大。

物探技术在找水中发挥了巨大作用，以物探确定的单井井位，全国至少有40万眼以上，解决了农耕田灌溉、工矿企业用水，人畜饮用水等诸多缺水问题。物探技术在管水、治水，在工程勘查、环境监测，在找矿勘探、地质科研等方面都发挥了重要作用。

综合科技“大显神通”

青铜人像

你是否看到过四川“三星堆”出土文物展品：古人在公元前1000年就曾创作出充满智慧和哲理想象的杰出而精美的青铜人像，那是一个长着长长的耳朵、长长的眼睛、长长的鼻子的头、面部艺术品。它反映出人类自古就有着美好的想象，想象着耳朵能听得很远很远，眼睛能看得很远很远，鼻子能闻得很远很远。

作为横跨于地质学和物理、化学之间的物探（勘查地球物理）与化探（地球化学勘查），竟真的实现了古人眼睛能看得很远、视力能穿透物体的幻想。随着电子技术、计算机技术、数字处理技术、自动化技术等新技术的长足进步，物化探的本领，如虎添翼，更显突出。概括地说，物化探技术具有穿越空间，发现物体的定位、定性和定量功能，具体说，有以下功能和特点：

1. 具有遥感功能。能找寻地下的特殊物体，例如水、石油、矿产、古墓，以及其他地质体的组成物质等。即遥感定位能力。

2. 具有透视功能。能推断是怎样的特殊物体，例如是咸水还是淡水，是常温水还是高温水，是含金、银多还是含铜、铁多。即透视定性能力。

3. 具有测算功能。能圈定出特殊物体的形状在地下空间所处的位置，例如是层状水还是溶洞水，埋藏在地下多少米深，是大型矿藏还是小型矿藏，矿脉有多长。即测算定量能力。

另外，由于物化探是发展起来的现代高新技术，所以物化探工作具有三个显著特点：一是观测自成系统并且实现自动化，因此效率较高；二是不需用大的动力源，普通方法只需电池即可，即低耗；三是探测过程不破坏被测目标物，即无损检测。正是由于物化探工作具有高效、低耗、无损的特点，因而在探测领域中具有较大的优势，在工农业生产和国民经济建设发展中，发挥了极为重要的作用。

物化探仪器正在向着电脑化与全自动化发展。今后将出现一系列“傻瓜式”物化探小仪器，现在已经开发出的有找水找矿多功能应用的天然电磁仪，它的体积只有写字台的抽屉那么大，便于携带，不用连接地电极和大电源，操作简便易行。再比如房屋装修后，需要检测室内空气污染是否超标的仪器，也由原来的椅子般大小，研制成只有携带式晶体管收音机那样小的体积，并且屏幕为数字式，一目了然，一看就懂，直观简单，便于携带。该仪器在2003年中国科技馆科普周展示会上，曾引起观众们惊叹不已！连连说：“用这个小玩意儿就能检查和测量居室、厂房、车间、货品等是否有污染，真够神的！”

今后，随着物化探高新技术的广泛应用和普及，必将进一步“大显神通”，我们在此关注并展望未来吧！

当前石油、煤、铀等能源的紧缺，许多金属与非金属原材料的紧缺，不少矿山、矿区资源枯竭，即将闭坑，地质找矿也正面临难度加大的局面。这就需要运用物化探在找矿中实现新的突破，即：探索到“新类型”中难分辨的矿种、发现其“新领域”中有用的矿产、寻觅出“新地区”的各类盲矿床、网罗住“新深度”里的隐伏矿体。仅举一例：比如几个发达国家还有中国正在用物化探方法勘查与圈定新能源“可燃冰”（天然气水合物）储藏区域，这是比油、煤更有远景的能源物质。

在城市地质工作中，物化探可为厂址、机场、码头、高层建筑、地下铁路、高级公路等方面快速提供地基勘查资料，为城市地下水、地面沉降、环境污染等提供可靠的监控数据。

在水文地质与工程地质中，物化探成为测知水工物理化学参数（如水质、透水度、孔隙率、胶结度、弹性程度等）的“直接方法”。并将为矿山、电站、水坝、桥梁、隧道、涵洞等选址与施工提供所需的重要地质资料。

航空物探综合勘查

在环境灾害工作中，物化探能对灾害地质、地震活动、洪涝灾害、气候变异、宇宙射线、太阳活动、地球化学定时炸弹（国际地球化学界对有毒元素在局部区域逐年积累并在某一时刻爆发并给人类造成严重危害之形象说法）等一系列自然现象做出监测、预警和预报。

在地球的基础研究（即基础地质研究）中，物化探将是大区域地质与大深度地质探测的重要方法。由于物化探具有扫面快、勘查深、评价细的优势，因此成为国际上最受重视的工作。在国际科学大合作，相继开展的“国际地幔计划”、“国际水文十年计划”、“国际海洋考察计划”、“全球动力学计划”、“国际岩石圈探查计划”、“国际减灾十年计划”等一系列科技项目中，物化探方法是其采用的主要技术方法。

现在了解的“地球身世”

我们不妨把地球母亲的一生具体划分为婴儿期、幼儿期、童年期、少年期、青年期、壮年期、中年期、成年期、老年期 9 个阶段。

地球母亲自原始混沌般的宇宙里孕育和诞生，经历了极为久远、艰难但绝对奇巧的过程，而她的成长和壮大又经历了极为漫长、坎坷、曲折但绝对幸运的过程。地质学家们经过千百年的苦苦探索与孜孜追求，运用地质研究、地球物理观测、地球化学分析、地质调查解译等多种技术方法综合研究，终于了解到46亿年之前地球母亲出世，并了解到她不平凡的身世。

她的婴儿期（大约46亿～44亿年前），就遭受了剧烈撞击和熊熊烈火的考验，那时外来星体以及陨石连续不断地向地球轰击，而地球自身也处于引力压缩以及核反应高温的熔融状态。

她的幼儿期（大约44亿～42亿年前），又受到火山喷烤和热气桑拿的折磨，那时地球内部岩浆蒸腾、四处喷射，而且其中含有大量气体，如水蒸气、氮气、氢气、氨气、甲烷气、硫化氢气、一氧化碳气体等，但是种种苦难，地球母亲也算是熬过来了！

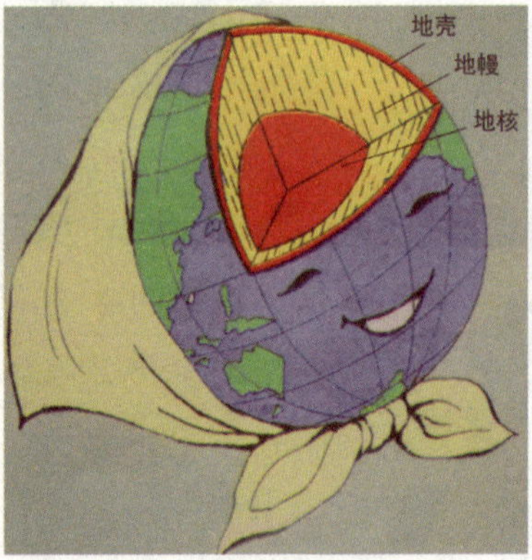

美丽的地球深化为三层结构

她的童年期（大约42亿～40亿年前），大量外来轰击作用基本结束，开始接受连年大雨的洗礼。地球的体温向宇宙扩散，厚厚的大气层的热蒸气因为温度降低而冷凝成雨水，再加上太空飞向地球的冰体所形成的降水，滂沱般浇向大地，这雨水或断或续竟然下了亿万年，其结果使地球的表体70%沐浴在大水中，这就是原始海洋。

她的少年期（大约40亿～25亿年前，地质学上称为太古宙），终于迎来了地表风和日丽的时代。大陆上已经有凝固的岩石出现，一类是变质程度高的麻粒岩和片麻岩，另一类是变质程度较低的绿岩。在频频涌流激荡的大海里，在金灿灿的阳光照射下，神奇的事情相继发生了：海水中出现了有机物氨基酸、蛋白质和核酸，后来又出现了第一个细胞——第一个生命！这是地球母亲成长的质变时期：由无机物合成了有机物，并开始转变为菌类和藻类。

她的青年期（大约25亿～6亿年前，按2000年第31届国际地质大会发表的《国际地层表》为5.4亿年前，地质学上称为元古宙，这一时代，地球大陆地台逐渐形成，大气圈里氧气逐渐增多，海洋中藻类逐渐繁生，多细胞动植物开始出现。

她的壮年期（大约6亿～2.5亿年前，地质学上称为古生代），“古生代”的命名或许就影射着古老生命大量出现的时代。这是地球母亲的壮年时代，最初的一个阶段出现了“生物大爆炸”，海洋里多细胞动植物大量繁生，而且突飞猛进地演化，出现了许多新类型动物。无脊椎动物、有脊椎动物等。在古生代后期，动植物登陆，裸蕨占领陆地，使得原来的秃岭荒山披上绿装，接着两栖动物和爬行动物先后出现。这一时期中，大陆的地台逐渐接受夷平作用，而地槽不断接受沉积，几片大陆联合一起，形成统一古陆。

她的中年期（大约2.5亿～0.65亿年前，地质学上称中生代），陆地上爬行动物极为兴盛，形态万千的爬行动物中最为庞大的就是众所周知的恐龙家族，成为地球上中生代的统治者。这一时期，地壳“板块”构造运动表现为古大陆逐渐断裂并且解体，各地块在高温岩浆的地幔上滑行漂移。

她的成年期（大约0.65亿年前～今后50亿年，地质学上称新生代），可以想象，新的生物即高级动物，不断地出现在地球上。先是哺乳动物，后来是灵长猿类，再后是灵长人类。人类从猿类分化出来是500万年前发生的事情。100万年前演化成直立人，10万年前进化为大脑开始发达的智人。而人的文化发展只是5千年前才开始的，科学技术的广泛应用只有300年的历史；现代高科技的迅速发展，也仅仅是近50年的事。现在认识到地球正处于地质发展的新生代，这将是一个极长的相对稳定的时代，尽管地幔岩浆在运动、大陆板块在位移、气候暖寒在交替、局部地震在发生、局部火山在活动，却总是在一定限度内的正常变化，不可能对地球母亲形成致命的打击。

如果说5 000年的人类文明史是5个千年、50个世纪，那么“万寿无疆”的地球母亲，还有50亿年的成年期，将会使人类再生活多少个新千年和新世纪呢？这是一道最简单的算术题，谁都能回答出来，那就是人类还能迎接500万个新千年、5 000万个新世纪啊！这是地球母亲为人类提供的多么美好、多么久远的未来呀！

她的老年期，那是在遥远而又遥远的50亿年以后……

等待你解译“地球之谜”

你读过《十万个为什么》吗？你读过这套书的《地球科学知识》部分吗？“十万个”在此是个形容词，实际上有关地球的“自然之谜”都会有十万个之多。现在我们已经发现和能解释的问题，也仅仅是书中介绍或涉及的几百个或几千个而已。说真的，确实有无数的《地球之谜》在等待你去探索、等待你去发现、等待你去解释呢！

人们自古以来对于大自然都充满好奇心，想了解我们生活的地球上有哪些奇异的现象？产生这些现象是由于什么原因造成的？这些现象又会怎样影响我们人类自身？有趣的是：有些人观察到地图上各大洲的陆地形状能像七巧板一样互相拼接与镶嵌起来，想象出大陆板块的漂移运动，形成了大陆漂移说，后来又进一步观察海洋底下地势变化的物理特征，形成了海底扩张说，现在又归纳出地壳运动的“板块理论”。“板块理论”讲的是各大洲和大洋的地壳分成若干块体，在地下热融状地幔上运动情况以及产生相关的地震活动。

有些人观察到野外地层是近于平行层状，想象出海水中沉积过程，形成了地质学中的水成论；有些人观察到岩石具有喷流形态，想象出地下岩浆凝固过程，形成了地质学中的火成论；这些地质理论都为科研和找矿，提供了研究的前提和方向。

火成论与水成论作用的大小已经争论了数百年。就是被称为地学革命性学说的板块理论，近些年来也有许多争论。比如幔柱理论提出地球深处地幔热融岩浆冲穿地壳形成多处巨型地幔柱，是地壳变异运动之源。地幔柱学说与板块学说如何融合解释，也还有待深入观察与研究。

上面介绍的是前人如何观察发现地球上谜一般的有趣现象，并且研究探索这些奇异现象产生的来龙去脉以及与人类生存之关系，供后人了解与借鉴。下面按问题之大小与深浅将地球之谜粗略、大致地分级介绍（只罗列极少一部分）。

一级地球之谜：地核是什么状态？什么成分？地球内部怎样运动？动力来源？地幔还可以分几层？熔融程度？地下温度如何增长？受何制约？地磁怎样产生与变化？如何倒转？地球自转速度是逐渐减慢吗？影响如何？

二级地球之谜：通古斯大爆炸到底是怎么回事（大陨石撞击或反物质小行星进入）？百慕大之谜应该怎样解释（大涡漩或次声波，或可燃冰燃爆）？海底绿洲、海底风暴、海底生物之奇观是如何出现的？大地电场怎样分布并且预示着什么？还会出现第二个喜马拉雅山和珠穆朗玛峰吗？

三级地球之谜：楼兰古城、玛雅文化是怎样消失的？鸣沙山是怎么回事？台风、龙卷风可否提前预测和控制？地震、火山、海啸、雷暴等自然灾害的规律研究以及怎样才能做到及时地预警和预报？有些村镇总有一些人患上些奇怪的病，能找到确切原因和防治方法吗？

以上用分级的方法分别对大区域、小区域和局部的地球之谜种种现象简略地摆列出来，仅供有兴趣的人们去破解，确有无数的奥秘等待人们去探索，确有无数的问题等待人们去回答。

杨利伟太空摄影

附 录

历届世界“地球日”主题

1974 年：只有一个地球
1975 年：人类居住
1976 年：水：生命的重要源泉
1977 年：关注臭氧层破坏、水土流失、土壤退化和滥伐森林
1978 年：没有破坏的发展
1979 年：为了儿童和未来——没有破坏的发展
1980 年：新的 10 年，新的挑战——没有破坏的发展
1981 年：保护地下水和人类食物链；防治毒化学品污染
1982 年：纪念斯德哥尔摩人类环境会议 10 周年——提高环境意识
1983 年：管理和处置有害废弃物；防治酸雨破坏和提高能源利用率
1984 年：沙漠化
1985 年：青年、人口、环境
1986 年：环境与和平
1987 年：环境与居住
1988 年：保护环境、持续发展、公众参与
1989 年：警惕，全球变暖！
1990 年：儿童与环境
1991 年：气候变化——需要全球合作
1992 年：只有一个地球——一起关心，共同分享
1993 年：贫穷与环境——摆脱恶性循环
1994 年：一个地球，一个家庭

1995 年：各国人民联合起来，创造更加美的世界
1996 年：我们的地球、居住地、家园
1997 年：为了地球上的生命
1998 年：为了地球上的生命——拯救我们的海洋
1999 年：拯救地球，就是拯救未来
2000 年：环境千年，行动起来吧
2001 年：保护地质遗产和地质环境
2002 年：善待地球
2003 年：善待地球，保护资源
2004 年：善待地球，科学发展
2005 年：善待地球——科学发展，构建和谐
2006 年：善待地球——珍惜资源，持续发展
2007 年：善待地球——从节约资源做起
2008 年：善待地球——从身边的小事做起
中国主题：善待地球——从身边的小事做起
2009 年：绿色世纪
中国主题：认识地球保障发展——了解我们的家园深部
2010 年：低碳经济绿色发展
中国主题：珍惜地球资源，转变发展方式，倡导低碳生活
2011 年：珍惜地球资源 转变发展方式 倡导低碳生活
中国主题：善待地球——科学发展，构建和谐
2012 年：珍惜地球资源，转变发展方式
中国主题：珍惜地球资源，转变发展方式——推进找矿突破，保障科学发展
2013 年：多样的物种，唯一的地球，共同的未来
中国主题：珍惜地球资源 转变发展方式——促进生态文明 共建美丽中国

历年世界环境日主题

1974 年：只有一个地球
1975 年：人类居住
1976 年：水：生命的重要源泉
1977 年：关注臭氧层破坏，水土流失
1978 年：没有破坏的发展
1979 年：为了儿童和未来——没有破坏的发展
1980 年：新的十年，新的挑战——没有破坏的发展
1981 年：保护地下水和人类食物链，防治有毒化学品污染
1982 年：斯德哥尔摩人类环境会议十周年——提高环境意识
1983 年：管理和处置有害废气物，防治酸雨破坏和提高能源利用率
1984 年：沙漠化
1985 年：青年、人口、环境
1986 年：环境与和平
1987 年：环境与居住
1988 年：保护环境、持续发展、公众参与
1989 年：警惕全球变暖
1990 年：儿童与环境
1991 年：气候变换——需要全球合作
1992 年：只有一个地球——一齐关心，共同分享
1993 年：贫穷与环境——摆脱恶性循环
1994 年：一个地球，一个家庭
1995 年：各国人民联合起来，创造更加美好的未来
1996 年：我们的地球、居住地、家园
1997 年：为了地球上的生命

1998 年：为了地球上的生命——拯救我们的海洋

1999 年：拯救地球就是拯救未来

2000 年：2000 环境千年——行动起来吧！

2001 年：世间万物 生命之网

2002 年：让地球充满生机

2003 年：水——二十亿人生命之所系

2004 年：海洋存亡 匹夫有责

2005 年：营造绿色城市，呵护地球家园

2006 年：莫使旱地变为沙漠

中国主题：生态安全与环境友好型社会

2007 年：冰川消融，后果堪忧

中国主题：污染减排与环境友好型社会

2008 年：促进低碳经济

中国主题：绿色奥运与环境友好型社会

2009 年：地球需要你：团结起来应对气候变化

中国主题：减少污染——行动起来

2010 年：多样的物种，唯一的地球，共同的未来

中国主题：低碳减排·绿色生活

2011 年：森林：大自然为您效劳

中国主题：共建生态文明，共享绿色未来

2012 年：绿色经济：你参与了吗？

中国主题：绿色消费，你行动了吗？

2013 年：思考、进餐、节约

中国主题：思前、食后、厉行节约

联合国与我国确立保护地球环境相关的主题日

与环境有关的重要主题日表

日 期	主题日名称	创立年代	相关主题
2月2日	世界湿地日	1971	保护地球之肾
3月9日	保护母亲河日	1999	中国黄河长江
3月21日	世界林业日	1971	保护森林资源
3月22日	世界水日	1993	珍惜淡水资源
3月23日	世界气象日	1960	关注气候形成
3月最后周六	地球1小时熄灯	2007	熄灯点亮希望
4月22日	世界地球日	1970	全面善待地球
5月12日	全国防灾减灾日	2009	减轻灾害损失
5月第3周	全国科普周	2001	提高科学素质
5月31日	世界无烟日	1989	减少空气污染
6月5日	世界环境日	1972	关爱地球家园
6月8日	世界、全国海洋日	2009	提高海洋意识
6月17日	世界防治荒漠化和干旱日	1994	减少沙化干旱
6月25日	全国土地日	1991	合理使用土地
6月29日	中国科普法发布日	2002	提高科学素质
7月11日	世界人口日	1990	地球不堪重负
9月16日	国际保护臭氧层日	1995	减氟利昂生产
9月第3周六	全国科普行动日	2005	全面传播科技
10月第2周三	国际减轻自然灾害日	1990	有效防灾减灾
10月16日	世界粮食日	1979	科学保护耕地
12月29日	国际生物多样性日	1994	人与自然和谐